Tasty Food
食在好吃

养生家常菜
一本就够

甘智荣 主编

江苏凤凰科学技术出版社

图书在版编目（CIP）数据

养生家常菜一本就够 / 甘智荣主编 . — 南京 : 江
苏凤凰科学技术出版社 , 2015.10（2019.4 重印）
（食在好吃系列）
ISBN 978-7-5537-4259-5

Ⅰ . ①养… Ⅱ . ①甘… Ⅲ . ①家常菜肴 - 保健 - 菜谱
Ⅳ . ① TS972.161

中国版本图书馆 CIP 数据核字 (2015) 第 049188 号

养生家常菜一本就够

主　　　编	甘智荣
责 任 编 辑	樊　明　　葛　昀
责 任 监 制	曹叶平　　方　晨
出 版 发 行	江苏凤凰科学技术出版社
出版社地址	南京市湖南路 1 号 A 楼，邮编：210009
出版社网址	http://www.pspress.cn
印　　　刷	天津旭丰源印刷有限公司
开　　　本	718mm × 1000mm　1/16
印　　　张	10
插　　　页	4
版　　　次	2015年10月第1版
印　　　次	2019年4月第2次印刷
标 准 书 号	ISBN 978-7-5537-4259-5
定　　　价	29.80元

图书如有印装质量问题，可随时向我社出版科调换。

前言　Preface

　　养生，是指通过各种方法对人体进行科学调养，以保持生命健康活力，达到颐养生命、增强体质、预防疾病、延年益寿目的的一种行为。本书中介绍的养生，多为食养，即依据食物的性味、功效及不同的搭配等关系带你了解养生之道。

　　随着社会的进步和物质生活水平的提高，人们的饮食观念也逐渐从"吃饱"向"吃香"转变，并日益关注健康与养生，提倡膳食平衡、营养搭配。越来越多的人开始注重食物的养生功效，认为一日三餐不仅要美味，还要兼顾营养，从而吃得放心、吃出健康。鉴于此，能起到强身健体、延年益寿作用的养生菜在今天备受人们青睐。

　　俗话说"药补不如食补"，饮食是健康的基础，吃对了食物有助于日常保健以及促进身体的康复。我们都知道，日常主要的烹饪食材包括蔬菜、畜肉、禽蛋、水产品几大类，其中，新鲜的蔬菜提供人体所必需的多种维生素和矿物质，对人们的日常生活非常重要；畜肉、禽蛋不仅美味，而且营养丰富，能增强人体抵抗力；各种水产品蛋白高、脂肪低，还含有大量人体所必需的微量元素，营养价值极高。而将不同类型的食材依据其自身的性味、功效巧妙地搭配起来，用科学合理的烹饪方法精心烹制，就能提高食材中营养物质的利用率，充分发挥食材的养生功效，从而达到以食养生的目的。

　　为了让广大读者在自家厨房就能轻松烹制出色香味俱佳的养生家常菜，我们精心编写了这本书。本书从最基础的烹饪知识着手，介绍了一些养生、烹饪的必备常识，将养生与烹饪完美融合，让读者朋友了解不同的膳食养生法以及各种食材的烹饪技巧。此外，本书精心挑选了 75 道养生家常菜，并根据不同食疗功效分为增强免疫力、开胃消食、保肝护肾、降"三高"、防癌抗癌等 5 部分，每道菜品都介绍了营养分析、小贴士、制作指导，以及所用材料和做法演示。同时，本书还列出了菜品的口味、烹饪方法和适宜人群，让读者在烹饪过程中能够得心应手，有针对性地选择食材，为家人合理配膳，吃得更营养健康！

目录 Contents

家常菜的烹饪常识

家常菜的烹饪常识

五色对五脏的膳食养生法

俗话说"民以食为天"，饮食是健康的基础，所以要合理安排膳食。中医认为"药食同源"，不同颜色的食物可以辅助治疗不同的疾病。

1. 红色食物养心

红色食物包括胡萝卜、红辣椒、西红柿、西瓜、山楂、红枣、草莓、红薯、红苹果等。按照中医五行学说，红色为火、阳，故红色食物进入人体后可入心、入血，大多具有益气补血和促进血液、淋巴液生成的作用。

研究表明，红色食物一般具有极强的抗氧化性，它们富含番茄红素、丹宁酸、维生素 A、维生素 C 等，可以保护细胞，具有抗炎作用，能增强人的体质和缓解因工作、生活压力造成的疲劳。尤其是番茄红素，对心血管具有保护作用，它有独特的氧化能力，可以保护体内细胞，使脱氧核糖核酸及免疫基因免遭破坏，从而减少癌变危害，降低胆固醇等。

有些人易受感冒病毒的"欺负"，多食红色食物会助你一臂之力，如胡萝卜所含的胡萝卜素，可以在体内转化为维生素 A，保护人体上皮组织，增强人体抗御感冒的能力。此外，红色食物还能为人体提供丰富的优质蛋白质和许多无机盐、维生素以及微量元素，能大大增强人的心脏和气血功能。因此，经常食用一些红色蔬果，对增强心脑血管活力、提高淋巴免疫功能颇有益处。

2. 黑色食物养肾

黑色食物是指颜色呈黑色或紫色、深褐色的各种天然植物或动物，如黑木耳、紫茄子等。五行中黑色为水、入肾，因此，常食黑色食物更益补肾。研究发现，黑米、黑芝麻、黑豆、黑木耳、海带、紫菜等的营养保健和药用价值都很高，它们可明显减少动脉硬化、冠心病、脑中风等疾病的发生概率，对流感、气管炎、咳嗽、慢性肝炎、肾病、贫血、脱发、早白头等症均有很好的辅助治疗作用。

3. 黄色食物养脾

五行中黄色为土，因此，摄入黄色食物后，其营养物质主要集中在中医所说的中土（脾胃）区域。黄色食物如南瓜、玉米、大豆、土豆、杏等，可提供优质蛋白质、脂肪、维生素和微量元素等，常食对脾胃大有裨益。此外，黄色食物中，维生素 A、维生素 D 的含量均比较丰富。维生素 A 能保护肠道、呼吸道黏膜，可以减少胃炎、胃溃疡等疾病的发生概率；维生素 D 有促进钙、磷吸收的作用，进而壮骨强筋。

4. 绿色食物养肝

绿色食物主要指芹菜、西蓝花、苦瓜、青菜等，这类食物水分含量高达 90%～94%，而且热量较低。中医认为，绿色（含青色和蓝色）入肝，多食绿色食物具有疏肝强肝的功能，绿色食物是良好的人体"排毒剂"。另外，五行中青绿克黄（木克土，肝制脾），所以绿色食物还具有调节脾胃消化吸收功能的作用。绿色蔬菜中含有丰富的叶酸，可有效消除血液中过多的同型半胱氨酸，从而保护心脏的健康。绿色食物还是钙元素的重要来源，是补钙佳品。

5. 白色食物养肺

白色食物主要指山药、燕麦片等。白色在五行中属金，入肺，偏重于益气行气。科学研究表明，大多数白色食物，如牛奶、大米、面粉和鸡鱼类等，蛋白质成分都比较丰富，经常食用既能消除身体疲劳，又可促进疾病的康复。此外，白色食物是安全性相对较高的营养食物，因为它的脂肪含量相对于红色食物要低得多，十分符合科学的饮食方式。特别是高血压、心脏病、高脂血症、脂肪肝等患者，食用白色食物效果会更好。

减少蔬菜营养素的流失

蔬菜中含有人体需要的多种营养素，经常食用蔬菜不仅不会给身体带来负担，还能让身体更健康。下面告诉大家如何保存及炒制蔬菜，才能最大限度地减少营养素的流失。

1. 蔬菜不要久存

很多人喜欢一周进行一次大采购，把蔬菜采购回来存在家里慢慢吃，这样虽然节省了时间，也很方便，但殊不知，蔬菜放置一天就会损失大量的营养素。例如，菠菜在常温下（20℃）放置一天，维生素 C 的损失就高达 84%。因此，应尽量减少蔬菜的储藏时间，如果储藏也应该选择干燥、通风、避光的地方。

2. 蔬菜不要马上整理

许多人都习惯把蔬菜买回家以后就立即整理，整理好后却要隔一段时间才炒。其实我们买回来的包菜的外叶、莴笋的嫩叶、毛豆的荚等都是活的，它们的营养物质仍然在向可食用部分供应，所以保留它们有利于保存蔬菜的营养物质。而整理以后，营养物质容易丢失，蔬菜的品质自然下降，因此，不马上炒的蔬菜就不要立即整理，应现理现炒。

3. 不要先切后洗

在烹饪菜肴时，人们总是习惯将蔬菜先切后洗。其实，这样做是非常不科学的，因为先切后洗会加速蔬菜中营养素的氧化和可溶物质的流失，从而使蔬菜的营养价值大大降低。

事实上，蔬菜先洗后切，维生素C可保留98.4%～100%；而如果先切后洗，维生素C就只能保留73.9%～92.9%。正确的做法是：把叶片剥下来清洗干净后，再用刀切成片、丝或块，随即下锅烹炒。

还有，蔬菜不宜切得太细，因为切得过细容易丢失营养素。据研究表明，蔬菜切成丝以后，其中的维生素仅仅能保留18.4%。对于花菜而言，洗净后只要用手将一个个绒球肉质花梗团掰开就可以了，不必再用刀切，因为用刀切时，花菜的肉质花梗团便会被弄得粉碎不成形。当然，最后剩下的肥大主花大茎还是要用刀切开。

总而言之，能够不用刀切的蔬菜就尽量不要用刀切。

食用肉类必知要点

肉类是我们在日常食物中获得蛋白质和热量的重要来源。我们在进食肉类食物的时候，也要多了解一些和健康有关的知识，尽量减少可能产生的危害。

1. 肉类的最佳食用量

按照合理的饮食标准，成年人平均每天需要动物蛋白质44～45克。这些蛋白质除了从肉类中摄取外，还可以通过牛奶、蛋类等补充。成年人最好每天在午餐时吃一次肉菜，食用量以200克左右为宜。在早餐或晚餐时，再补充点鸡蛋和牛奶，就完全可以满足身体对动物蛋白的需要了。

2. 晚餐不宜过多进食肉类

晚餐过多进食肉类食物，不但会增加胃肠负担，而且会使体内的血液猛然上升。人在睡觉时血液运行速度大大减慢，大量血脂就会沉积在血管壁上，从而引起动脉粥样硬化，易患高血压。科学实验证明，晚餐经常进食荤食的人比经常进食素食的人血脂一般要高2～3倍，而患高血压、肥胖症的人如果晚餐爱吃荤食，危害就更多了。

3. 三类食物要少吃

（1）腌制食物。腌制食物含有硝酸盐，腌制不透更甚。在肠道细菌的作用下，硝酸盐可还原为有毒的亚硝酸盐，它们在一定条件下与胺结合成为致癌性极强的亚硝酸胺类化合物，长期食用易患食道癌。

（2）卤制食物。卤制食物含有一种对人体有害的物质——亚硝胺，长期食用会导致鼻咽癌和食道癌。

（3）熏制食物。肉类食物在熏烤过程中会产生如杂环胺、多环芳烃、亚硝胺等致癌物质。经过熏制的鱼和牛肉表面含强致突变物，经常食用易患胃癌。

海鲜的烹饪及食用注意事项

　　海鲜营养丰富，且有鲜美的味道和滑嫩的口感。不过，海产品内往往含有毒素和有害物质，若烹饪或食用方法不当，严重者会发生食物中毒。所以，烹饪和食用海产品应注意以下几点。

1. 如何烹饪海鲜可以减少营养流失

　　海鲜品种繁多，其营养成分不尽相同，大多数为高蛋白质、低脂肪，且含多种维生素、无机盐，具有较高的营养价值。那么，烹调海鲜时，应如何尽量减少其营养流失呢？

　　（1）准确掌握火候。由于海鲜要么细嫩，要么脆爽，故在烹制时一定要掌握好火候，否则一旦火候过了，材料就会老韧嚼不烂；而如果火候不够，材料又未熟，且口感不好，吃后甚至还会引起疾病。所以，烹制海鲜应当根据材料掌握好火候。如涮白蛤、涮毛蚶时，需先用八成沸的烫水略煮后捞出，再用沸水冲烫至

熟；蒸制海鱼类材料时，因其肉质细嫩，上笼蒸制时间以 6～7 分钟为佳，若蒸制时间过长，便会影响海鲜的质量，营养也会随之流失。

　　（2）避免生食。海鲜类食物容易被肠炎弧菌感染，特别是在炎热的夏季，一不小心就容易发生食物中毒，所以不能生吃；而且在烹调前应用清水将食物洗干净，并彻底煮熟之后再食用，这是避免食物中毒的好方法。若海鲜购买回家后没有马上烹煮或一次无法煮完，则应包装好冷冻起来，避免与其他食物一起存放，导致交叉感染。

　　（3）减少用油量。海鲜、贝壳类等食物含有较高的胆固醇，所以在烹调时应少加油，所淋的明油最好用香油炼制的花椒油替代，因为这样既可明油亮汁，又可提香去异味。

　　（4）注意盐分含量。有些海鲜类食物（如虾米），商家为了延长其保存期限，在贩售前

(3) 海鲜不能与啤酒搭配食用。食用海鲜时饮用大量啤酒，会产生过多的尿酸，尿酸过多，会沉积在关节或软组织中，从而引起关节和软组织发炎，导致痛风。痛风发作时，不但被侵犯的关节红肿热痛，甚至会因此全身高热，状似败血症。久而久之，患部关节会逐渐被破坏，甚至还会引起肾结石和尿毒症。

(4) 某些海鲜不宜与红葡萄酒搭配食用。红葡萄酒与某些海鲜搭配时，高含量的单宁会严重破坏海鲜的口味。此外，红葡萄酒与蟹搭配还可令肠胃产生不适。

(5) 海鲜不能与某些水果同食。海鲜含有丰富的蛋白质和钙等营养物质，如果与某些水果如柿子、葡萄、石榴、山楂等同吃，就会降低其蛋白质的营养价值。而且水果中的某些化学成分容易与海鲜中的钙质结合，从而形成一种新的不容易消化的物质。这种物质会刺激胃肠道，引起腹痛、恶心、呕吐等症状。因此，海鲜与这些水果同吃，至少应间隔2个小时。

3. 哪些人不宜吃海鲜

(1) 胆固醇和血脂偏高的人。螺、贝、蟹类，尤其是蟹黄，含有非常高的胆固醇，胆固醇以及血脂偏高的人应该注意少吃或者不吃这类海产品。

(2) 关节炎、痛风患者。海参、海鱼、海带等海产品中含有较多的嘌呤，关节炎、痛风患者不宜常食，否则会加重病情。

(3) 出血性疾病患者。血小板减少、血友病、维生素K缺乏症等出血性疾病患者要少吃或不吃海鱼，因为海鱼肉中所含的某些物质可抑制血小板凝集，从而加重出血性疾病患者的出血症状。

(4) 肝硬化患者。肝脏硬化时，机体难以产生凝血因子，加之血小板含量偏低，容易引起出血，如果再食用富含抑制血小板凝集物质的沙丁鱼、青鱼、金枪鱼等，会使病情急剧恶化。

会用盐去腌渍，所以食用时应减少用盐量，或先用水浸泡一段时间再烹调。起锅前的调味也应留意，先品尝一下再决定是否需另外调味。

2. 海鲜不能与哪些食物同食

(1) 海鲜不能与大量维生素C同食。虾、蟹等甲壳类海鲜品中含有高浓度"五价砷"，其本身对人体无害，但在吃海鲜的同时服用大量维生素C，"五价砷"就会转化成"三价砷"（即三氧化二砷，俗称砒霜），导致急性砷中毒，严重者还会危及生命。

(2) 海鲜不能与寒凉食物同食。海鲜本性寒凉，食用时最好避免与一些寒凉的食物同食，比如空心菜、黄瓜等蔬菜。饭后也不应该马上饮用像汽水、冰水这样的冰镇饮品，还要注意少吃或者不吃西瓜、梨等寒性水果，以免导致身体不适。

PART 1

增强免疫力篇

人体的免疫力是指机体抵抗外来侵袭、维护体内环境稳定性的能力。人们在日常生活中，最简便的方法是通过食物进补，例如，可以多食用一些蛋类、肉类、水产类等营养丰富的食物，来增强机体的抵抗力。

△ 口味 清淡　😊 人群 一般人群　❌ 技法 炒

香菇炒茭白

　　茭白含有大量的营养物质，其中以碳水化合物、蛋白质、脂肪等营养物质的含量最为丰富。常食茭白，可为人体补充充足的营养，增强人体的抵抗力及免疫力。除此之外，茭白还具有清暑、除烦、止渴的功效，最适合在夏季高温时食用。

材料

茭白	200 克	鸡精	3 克
鲜香菇	20 克	香油	适量
胡萝卜片	20 克	水淀粉	适量
葱	8 克	食用油	适量
盐	3 克		

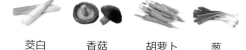

茭白　　　香菇　　　胡萝卜　　　葱

小贴士

泡发香菇时，不宜用开水或是加白糖浸泡，否则会使香菇中的水溶性成分，如珍贵的多糖、优良的氨基酸等大量溶解于水中，降低香菇的营养价值。

制作指导

茭白入锅炒制的时间不宜过长，否则既影响成菜的美观，又会失去脆嫩的口感。

做法演示

1. 将去皮洗净的茭白切片。

2. 洗好的鲜香菇切成片。

3. 洗好的葱切成段。

4. 热锅注入食用油，入茭白、香菇、胡萝卜片略翻炒。

5. 加入少许盐。

6. 加入鸡精炒至熟透。

7. 加入少许水淀粉炒匀，淋入香油，拌匀。

8. 撒入葱段炒匀。

9. 将炒好的香菇茭白盛入盘内即成。

板栗炖白菜

　　板栗含有丰富的蛋白质、脂肪、维生素 B_1、胡萝卜素、维生素 C 等营养成分，能够维持牙齿、骨骼、血管、肌肉的正常功能，具有舒筋活络的功效，可以预防和治疗骨质疏松、腰腿酸软、筋骨疼痛、乏力等症。

材料

白菜	300 克	盐	3 克
板栗仁	80 克	水淀粉	适量
胡萝卜块	60 克	生抽	3 毫升
蒜末	10 克	鸡精	3 克
生姜片	10 克	蚝油	适量
葱白	6 克	食用油	适量

小贴士

生板栗洗净，放入器皿中，加少许盐，倒入开水埋没，盖上盖闷 5 分钟后，将其取出切为两瓣，栗衣即随板栗皮一起脱落。

制作指导

煮白菜的时间不可太长，以免影响其脆嫩口感。

做法演示

1. 洗净的白菜去心，切成块。

2. 锅中加水烧开，放入大白菜略煮，再放入胡萝卜块。

3. 焯煮约 1 分钟，至熟后捞出。

4. 油锅烧热，倒入生姜片、蒜末、葱白爆香。

5. 倒入洗好的板栗仁炒匀。

6. 倒水，加盖，烧开后转小火煮 10 分钟至熟透。

7. 揭盖，倒入白菜、胡萝卜块。

8. 加蚝油、生抽、盐、鸡精。

9. 炒匀调味。

10. 加入水淀粉勾芡。

11. 再淋入少许熟油炒匀。

12. 盛出装盘即可。

口味 清淡　　人群 老年人　　技法 炒

莲藕炒火腿

　　火腿含有丰富的蛋白质、适度的脂肪、10 多种氨基酸以及多种维生素和矿物质，具有养胃生津、益肾壮阳、固骨髓、健足力等功效，可以提高机体免疫力，是病后或产后休养者和身体虚弱者调补的佳品。

材料

莲藕	200 克	盐	2 克
火腿	150 克	鸡精	2 克
红椒片	30 克	水淀粉	适量
葱白	10 克	白糖	2 克
葱段	10 克	食用油	适量

莲藕　　　　火腿　　　　红椒　　　　葱白

小贴士

　　挑选莲藕时，选外皮呈黄褐色、肉肥厚而白的，如果莲藕发黑有异味，则不宜挑选。煮莲藕时忌用铁器，以免食物发黑。

制作指导

　　炒火腿时，加少量米酒，可以让火腿更加鲜香，并且能降低其咸度。

做法演示

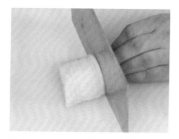

1. 把去皮洗净的莲藕切片。

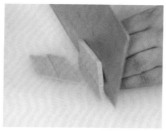

2. 洗净的火腿用斜刀切段，再改切成薄片。

3. 油锅烧热，倒入莲藕片。

4. 撒上葱白，用大火翻炒均匀。

5. 再倒入火腿片、红椒片，翻炒至熟。

6. 加盐、鸡精、白糖调味。

7. 用水淀粉勾芡，中火翻炒至入味。

8. 撒上葱段，炒至断生。

9. 盛出装盘即可。

浓汤豆腐皮

豆腐皮含有丰富的蛋白质、氨基酸、不饱和脂肪酸以及铁、钙、钼等人体所必需的营养成分，具有清热润肺、止咳消痰、养胃、解毒、止汗等功效，还可以提高机体的免疫能力，促进身体和智力的发育。

材料

豆腐皮	300 克	味精	3 克
葱	50 克	鸡汁	20 毫升
干辣椒	20 克	淡奶	30 毫升
生姜片	5 克	香油	适量
葱白	5 克	食用油	少许
盐	3 克	料酒	少许

豆腐皮　　　干辣椒　　　生姜　　　　葱白

做法演示

1. 洗净的葱切 3 厘米的长段。

2. 洗净的豆腐皮切成丝。

3. 油锅烧热，倒入生姜片、干辣椒。

4. 加入切好的葱白爆香。

5. 倒入葱、豆腐皮炒匀。

6. 淋入少许料酒提鲜。

7. 锅中加水、盐、鸡汁、味精拌匀，小火煮约 4 分钟。

8. 加淡奶拌匀，煮沸，加少许香油拌匀。

9. 盛入汤碗中即可。

草菇烧豆腐

　　草菇含有丰富的维生素 C、碳水化合物、烟酸、蛋白质和矿物质，有清热解毒、养阴生津、消暑去热、滋阴壮阳、护肝健胃、增加乳汁等功效，能促进人体新陈代谢、提高机体免疫力、防治维生素 C 缺乏症、促进伤口愈合，是优良的营养保健食物。

草菇	120 克	白糖	3 克
豆腐	200 克	老抽	4 毫升
胡萝卜片	30 克	蚝油	适量
葱段	6 克	香油	适量
盐	3 克	高汤	少许
水淀粉	适量	食用油	适量

小贴士

草菇的营养价值非常丰富，具有解毒作用，可与铅、砷、苯结合，形成抗坏血元，随小便排出。

制作指导

草菇无论是鲜品还是干品，都不宜浸泡时间过长，也不宜炒制太久。

做法演示

1. 将洗净的草菇切成片。

2. 洗净的豆腐切成块。

3. 锅中注入适量清水，加入少许盐。

4. 倒入草菇、豆腐搅匀。

5. 焯熟后捞出装盘。

6. 锅中注入适量食用油，烧热，倒入少许葱段爆香。

7. 倒入豆腐、草菇、胡萝卜片，拌炒均匀。

8. 加少许高汤熬煮片刻。

9. 放入蚝油、老抽、盐、白糖调味，用水淀粉勾芡。

10. 淋入少许香油炒匀。

11. 撒上剩余葱段拌炒均匀。

12. 盛出装盘即成。

韭菜炒香干

　　香干鲜香可口、营养丰富，含有蛋白质、维生素 A、B 族维生素及钙、铁、镁、锌等营养素，具有开胃消食、增强免疫力等功效，可以防治血管硬化、预防心血管疾病、保护心脏、补充钙质，尤其适宜食欲不振及身体瘦弱者食用。

材料

韭菜段	80 克	生抽	4 毫升
香干	100 克	白糖	3 克
红椒丝	30 克	料酒	4 毫升
盐	3 克	食用油	适量
味精	3 克		

韭菜　　香干　　红椒　　料酒

做法演示

1. 洗净的香干切成长段。

2. 锅置火上，倒入食用油，烧至四成热，倒入香干。

3. 滑油片刻后，捞出。

4. 锅留底油，倒入韭菜段炒匀。

5. 倒入滑油后的香干。

6. 加入盐、味精、白糖、生抽、料酒。

7. 再加入红椒丝。

8. 拌炒均匀。

9. 盛出装盘即可。

小炒牛肚

　　牛肚含有丰富的蛋白质、维生素 B_2、烟酸、脂肪、钙、磷、铁等多种营养成分，具有补益脾胃、补气养血、补虚益精、增强机体免疫力等功效，尤其适宜气血不足、营养不良、脾胃虚弱者食用。

材料

熟牛肚	200 克	辣椒酱	5 克
蒜苗	50 克	鸡精	2 克
红椒	30 克	料酒	5 毫升
干辣椒	20 克	水淀粉	适量
生姜片	5 克	辣椒油	少许
蒜末	5 克	食用油	少许
盐	3 克		

牛肚　　　蒜苗　　　红椒　　　生姜

小贴士

如果使用熟牛肚，可以将其在水里烫一下再炒制；如果使用生牛肚，可以将其先用葱姜或料酒在水中煮熟再炒制。

制作指导

烹饪此菜时，牛肚入锅炒制的时间不宜太久，如果炒制太久，牛肚炒得过烂，吃起来口感会较差。

做法演示

1. 将洗净的蒜苗切段。

2. 洗好的红椒切片。

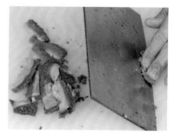

3. 熟牛肚洗净切片备用。

4. 热锅注入食用油，倒入蒜末、生姜片和干辣椒爆香。

5. 倒入切好的熟牛肚，加入少许料酒炒香。

6. 倒入红椒、蒜苗，拌炒均匀。

7. 加入辣椒酱、辣椒油炒匀。

8. 加盐、鸡精，再加水淀粉勾芡，炒入味。

9. 出锅装入盘中即成。

干贝蒸水蛋

　　鸡蛋富含蛋白质、脂肪和铁、钙、钾等人体所需要的矿物质，其营养成分比例与人体很接近，利用率非常高，是小儿、老年人、产妇以及肝炎、结核、贫血、手术后恢复期患者的良好补品。鸡蛋还可分解和氧化人体内的致癌物质，有一定的防癌作用。

材料

水发干贝	20 克	鸡精	3 克
鸡蛋	3 个	胡椒粉	1 克
生姜片	15 克	料酒	3 毫升
葱条	5 克	香油	适量
葱花	5 克	食用油	适量
盐	3 克		

干贝

鸡蛋

生姜

葱

做法演示

1. 水发干贝加生姜片、葱条、料酒，入蒸锅蒸 15 分钟。

2. 水发干贝蒸熟后取出，待冷却后，用刀压碎备用。

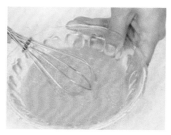

3. 鸡蛋打散，加盐、鸡精、胡椒粉、香油、温水调匀。

4. 将调好味的蛋液放入蒸锅。

5. 加盖蒸 8 ~ 10 分钟至熟。

6. 热锅注入食用油烧热，倒入干贝略炸，捞出。

7. 取出蒸熟的蛋液。

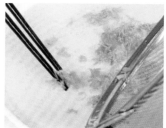

8. 撒上炸好的干贝。

9. 最后撒上少许葱花，浇上少许热油即成。

五花肉炒口蘑

　　口蘑属于低热量食物，可以防止发胖，是一种很好的减肥美容食物。它所含的大量植物纤维，具有预防便秘、促进排毒的作用，能降低人体内胆固醇的含量，还可预防糖尿病、大肠癌。

材料

五花肉	300 克	葱白	5 克
口蘑	150 克	盐	3 克
红椒	30 克	老抽	4 毫升
辣椒面	8 克	料酒	5 毫升
生姜片	5 克	水淀粉	适量
蒜蓉	5 克	食用油	适量

做法演示

1. 把洗净的红椒切片。

2. 将洗净的口蘑切片。

3. 将洗净的五花肉切片。

4. 锅中加清水烧开，加盐、食用油。

5. 倒入口蘑拌匀，煮沸后捞出。

6. 热锅注入食用油，倒入五花肉，炒 1 分钟至出油。

7. 加老抽上色，倒入辣椒面、生姜片、葱白、蒜蓉炒香。

8. 放入红椒片，加料酒炒匀。

9. 倒入口蘑，加盐调味。

10. 加入水淀粉勾芡。

11. 淋入熟油拌匀。

12. 盛出装盘即可。

橙香羊肉

　　羊肉含有丰富的蛋白质、脂肪、维生素B_1、维生素B_2及钙、磷、铁、钾、碘等矿物质，营养十分全面。羊肉入脾、肾经，为益气补虚、温中暖下的佳品，对虚劳羸瘦、产后虚寒腹痛、寒疝等症皆有较好的食疗功效。

材料

羊肉	500 克	盐	3 克
蒸肉粉	50 克	鸡精	2 克
橙子盏	6 个	老抽	4 毫升
生姜末	4 克	料酒	适量
葱花	4 克	食用油	适量

小贴士

羊肉中有很多膜，切片之前应先将其剔除，否则炒熟后肉膜硬，难以下咽。夏秋季节气候燥热，不宜吃羊肉。

制作指导

烹制前用料酒等调料腌渍羊肉，可减轻羊肉的膻味。

做法演示

1. 把洗净的羊肉切片。

2. 锅中加清水烧开，将橙子盏放入锅中拌匀。

3. 煮沸后捞出。

4. 羊肉加盐、鸡精、老抽、料酒、食用油拌匀。

5. 再加生姜末拌匀。

6. 放入蒸肉粉拌匀。

7. 将拌好的羊肉倒盘中，铺平。

8. 转至蒸锅。

9. 加盖，以中火蒸20分钟至熟。

10. 揭盖，取出蒸好的羊肉。

11. 将羊肉装入橙子盏中。

12. 撒上葱花即可。

🔺口味 清淡　😊人群 女性　🔪技法 炒

冬笋炒鸡丁

　　鸡肉中含有丰富的 B 族维生素，具有缓解疲劳、保护皮肤的作用。鸡肉中含有的丰富铁质，可以改善缺铁性贫血。鸡肉中还含有丰富的骨胶原蛋白，具有强化血管及强健肌肉肌腱的功能。

材料

冬笋	150 克	葱白	15 克
鸡胸肉	50 克	盐	3 克
胡萝卜丁	50 克	料酒	3 毫升
青椒	15 克	白糖	3 克
生姜片	10 克	水淀粉	适量
蒜末	10 克	食用油	适量

小贴士

冬笋除去外壳并洗净后切成两半，放在蒸架或清水锅中煮至五成熟，取出摊放在竹篮子中通风，可保鲜 10 ~ 15 天。

制作指导

鸡肉最好选用鸡胸肉或去骨肉，其肉质较细嫩，口感也鲜美。

做法演示

1. 将洗净的冬笋切丁。

2. 洗净的青椒切片。

3. 鸡胸肉洗净切条，再切成丁。

4. 鸡胸肉丁加盐、水淀粉、食用油拌匀，腌渍 10 分钟。

5. 锅中入水，加盐烧开，放入冬笋、胡萝卜丁煮 2 分钟。

6. 捞出放入盘中。

7. 热锅注入食用油烧至四成热，放鸡胸肉丁，滑油 1 分钟。

8. 捞出放入盘中。

9. 锅留底油放姜、蒜、葱爆香，入冬笋、胡萝卜、青椒炒匀。

10. 倒入鸡胸肉丁，入料酒、盐、白糖炒入味。

11. 再加入水淀粉勾芡。

12. 盛出装盘即可。

南瓜蒸排骨

　　排骨除了含有丰富的蛋白质、脂肪及多种维生素外，还含有大量的磷酸钙、骨胶原、骨黏蛋白等营养成分，能够为儿童和老年人提供充足的钙质。此外，排骨还具有滋阴壮阳、益精补血的功效，经常食用对身体有益。

材料

南瓜	300 克	盐	3 克
排骨	300 克	鸡精	2 克
辣椒面	7 克	淀粉	2 克
豆豉	5 克	生抽	4 毫升
蒜末	5 克	蚝油	适量
生姜片	5 克	料酒	4 毫升
葱花	5 克	食用油	适量

小贴士

蒸排骨宜选用猪小排，因为猪小排肥瘦相间，口感好。烹饪前先给排骨抹上淀粉，可以使其口感更加细嫩。

制作指导

排骨在烹饪前要先氽水，再将水分沥干，这样蒸出来的排骨味道更加纯正。

做法演示

1. 洗净的南瓜去皮去籽。

2. 切成小块，再切成 2 厘米的厚片，摆入盘中。

3. 排骨洗净，斩成长段，盛碗备用。

4. 锅中注入食用油，烧热，倒入蒜末，再放入生姜片。

5. 倒入豆豉炒香，再倒入辣椒面炒匀，加生抽调味。

6. 盛在小碟子中备用。

7. 排骨加盐、鸡精、淀粉、蚝油、料酒、油腌渍 10 分钟。

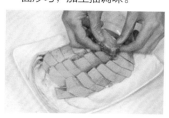

8. 将腌渍好的排骨摆放在南瓜片上。

9. 撒上炒好的豆豉。

10. 转到蒸锅，小火蒸 30 分钟。

11. 取出蒸好的排骨，撒上葱花。

12. 再淋入熟油即可。

胡萝卜烧牛腩

胡萝卜富含糖类、脂肪、挥发油、维生素 A、维生素 B_1、维生素 B_2、花青素、钙、铁等营养成分。胡萝卜所含的维生素，可刺激皮肤的新陈代谢，促进血液循环，从而使皮肤细嫩、光滑、红润，对美容健肤有独到的作用。

材料

胡萝卜	250 克	鸡精	3 克
熟牛腩	200 克	白糖	2 克
洋葱	120 克	沙茶酱	2 克
蒜末	15 克	老抽	4 毫升
葱段	20 克	水淀粉	适量
生姜片	10 克	料酒	5 毫升
盐	3 克	食用油	适量

做法演示

1. 洗净的洋葱切片。

2. 洗净去皮的胡萝卜切块。

3. 熟牛腩洗净切块。

4. 锅中注水煮开，倒入胡萝卜，加盐稍煮后盛出。

5. 热锅注油，加蒜末、生姜片、少许葱段、沙茶酱炒香。

6. 倒入切好的熟牛腩炒匀。

7. 加少许料酒拌匀，淋入老抽炒匀，倒入少许水。

8. 倒入胡萝卜煮熟，加盐、鸡精、白糖煮至入味。

9. 倒入洋葱炒熟，然后用水淀粉勾芡。

10. 起锅，将炒好的材料移至砂煲内。

11. 砂煲置于大火上，烧开后撒入余下的葱段。

12. 端出即可。

蒜苗炒牛百叶

　　牛百叶营养非常丰富，含有大量的蛋白质、脂肪等营养成分，具有补益脾胃、补气养血的功效，还可缓解消渴、风眩之症，特别适合病后身体虚弱、气血不足、营养不良、脾胃虚弱的人食用。

牛百叶	300 克	鸡精	3 克
蒜苗	70 克	生抽	4 毫升
青椒	10 克	蚝油	适量
红椒	10 克	料酒	4 毫升
蒜末	7 克	食用油	适量
生姜片	7 克	干辣椒	5 克
盐	3 克		

牛百叶

蒜苗

红椒

生姜

✏️ 小贴士

　　质量好的蒜苗大都叶茎柔嫩，叶尖不干枯，且株棵粗壮、整齐、洁净、不断。经常食用蒜苗，对心脑血管具有一定的保护作用。

❗ 制作指导

　　烹煮牛百叶，水温 80℃时入锅最合适，烹煮时间不宜过长，否则会越煮越老。

📩 做法演示

1. 将洗净的蒜苗切段。

2. 洗好的青椒、红椒切片。

3. 把洗净的牛百叶切成块。

4. 锅中加水烧开，倒入牛百叶，焯煮片刻捞出。

5. 锅入食用油烧热，倒入蒜末、干辣椒、生姜片爆香。

6. 加入焯熟的牛百叶。

7. 放入青椒、红椒炒香，加入料酒炒匀，放入蒜苗段。

8. 加蚝油、生抽、盐、鸡精炒匀入味。

9. 出锅装盘即可。

玉竹党参炖乳鸽

乳鸽富含粗蛋白质和少量无机盐等营养成分，具有滋补益气、祛风解毒等功效，对病后体弱、头晕神疲、记忆力衰退等症有很好的补益作用。党参具有增强免疫力、降低血压的作用，和乳鸽一起炖汤是完美的搭配，尤其适宜女性、老年人食用。

材料

乳鸽	1只	生姜	8克
玉竹	8克	盐	3克
党参	6克	料酒	3毫升
红枣	5颗	上汤	适量
熟枸杞子	3克		

乳鸽　　玉竹　　党参　　生姜

小贴士

优质的乳鸽肌肉有光泽，脂肪洁白；劣质的乳鸽，肌肉颜色稍暗，脂肪也缺乏光泽。保存乳鸽时要注意生、熟分开。

制作指导

煲汤之前，一定要将乳鸽漂净血水并清洗干净，否则难以保证炖好的汤色泽清透、味道纯正。

做法演示

1. 乳鸽洗净，斩块；各药材用清水洗净；生姜切片。

2. 锅中入水烧开，入乳鸽汆约2分钟至断生。

3. 用漏勺捞出。

4. 将乳鸽、玉竹、党参、红枣、生姜片放入汤盅。

5. 锅中入上汤烧开，加盐、料酒拌匀。

6. 将上汤舀入汤盅，加上盖。

7. 转至蒸锅，小火炖2个小时。

8. 蒸煮至熟透后取出。

9. 撒入熟枸杞子，装盘即成。

口味 鲜　😊人群 女性　✗技法 炖

小鸡炖粉条

　　粉条含有丰富的碳水化合物、膳食纤维、蛋白质、烟酸和钙、镁、铁、钾、磷、钠等矿物质。粉条还有良好的附味性，能吸收各种鲜美汤料的味道，再加上其本身柔润嫩滑，食用时更加爽口宜人。

材料

小鸡肉	500 克	盐	3 克
香菇	50 克	料酒	4 毫升
水发粉条	100 克	老抽	3 毫升
蒜苗段	30 克	白糖	3 克
葱白	10 克	蚝油	适量
生姜片	10 克	淀粉	适量
蒜片	5 克	食用油	适量

小贴士

鸡肉脂肪含量较少，但富含高度不饱和脂肪酸，适宜虚损羸瘦、脾胃虚弱、食少反胃、气血不足、头晕心悸者食用。

制作指导

炖粉条时，添加的水要稍微多一点，以免粉条膨胀后粘锅。

做法演示

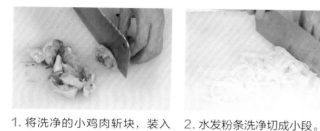

1. 将洗净的小鸡肉斩块，装入碗中。

2. 水发粉条洗净切成小段。

3. 小鸡肉加少许料酒、盐、淀粉拌匀，腌渍 15 分钟。

4. 锅中倒食用油烧至四成热，放入鸡肉块，滑油片刻捞出。

5. 锅留底油，放入生姜片、葱白、蒜片爆香。

6. 放入洗净的香菇，再加入鸡块，翻炒 1 分钟。

7. 加入剩余料酒煸炒。

8. 放入水、老抽、白糖、盐、蚝油炒匀。

9. 倒入水发粉条炒匀，中火炖 5 分钟至熟。

10. 撒入切好的蒜苗段。

11. 翻炒片刻。

12. 出锅即可。

三色蒸蛋

　　鸡蛋营养丰富又全面，含有蛋白质、卵黄素、卵磷脂、多种维生素和铁、钙、钾等矿物质，这些成分容易被人体消化和吸收，对增进神经系统的功能大有裨益，还能起到健脑益智、保护肝脏、延缓衰老等功效。

🍱 材料

鸡蛋	3 个	盐	3 克
皮蛋	1 个	鸡精	3 克
咸蛋	1 个	胡椒粉	2 克
葱花	5 克	食用油	适量

鸡蛋

皮蛋

葱

胡椒粉

📨 做法

1. 咸蛋、皮蛋放入锅中煮一会儿，捞出。
2. 咸蛋、皮蛋剥开去壳，切小块备用。
3. 将鸡蛋打散，加温水、盐、鸡精、胡椒粉、食用油搅拌均匀。
4. 放入蒸锅，加盖以大火蒸约 10 分钟至熟。
5. 取出蒸好的蛋羹，撒入咸蛋、皮蛋。
6. 再放入蒸锅，蒸 1 分钟至熟透。
7. 取出，撒入葱花即可。

PART 2

开胃消食篇

　　人们普遍认为开胃消食的最好方法就是吃酸的东西，比如食用醋或者有酸味的食物。其实酸味是有机酸产生的，食之可促进食欲，有开脾健胃的功效。此外，多吃些粗粮或者粗纤维的食物可以带动肠胃的蠕动，从而促进消化。

豆角拌香干

　　豆角性平味甘，入脾、胃二经，富含蛋白质、糖类、磷、钙、铁、维生素 B_1、维生素 B_2 及烟酸、膳食纤维等营养成分，具有健脾补肾、助消化的功效，对尿频、腹胀及一些妇科疾病有辅助治疗作用。

材料

香干	300 克
豆角	200 克
蒜末	5 克
盐	3 克
生抽	3 毫升
香油	适量
食用油	适量

小贴士

豆角焯水时加入少许盐和食用油，可以使豆角的颜色更加翠绿鲜艳。豆角焯水后放入凉水稍微浸泡，口感会更加脆爽。

制作提示

豆角入锅煮制的时间不可太久，以约 2 分钟为宜，否则会影响其脆嫩口感。

做法演示

1. 将洗净去筋去蒂的豆角切 3 厘米长的段。

2. 香干洗净切成条。

3. 锅中入清水烧开，加少许食用油、盐。

4. 倒入香干，煮约 2 分钟至熟。

5. 将煮好的香干捞出。

6. 倒入豆角，煮约 2 分钟至熟。

7. 将煮好的豆角捞出。

8. 将豆角盛入碗中，加入焯过水的香干。

9. 倒入准备好的蒜末。

10. 加入适量盐。

11. 再加入少许香油、生抽。

12. 用筷子拌匀即可。

清香三素

　　香菇含有多种维生素、矿物质、氨基酸等营养成分，对促进人体新陈代谢、提高机体的适应能力有一定的帮助。此外，香菇还是一种高蛋白、低脂肪、多糖的菌类食物，可用于辅助治疗消化不良、便秘等症。

材料

荷兰豆	150 克	盐	3 克
鲜香菇	50 克	鸡精	2 克
红椒片	20 克	水淀粉	适量
生姜片	5 克	料酒	3 毫升
蒜末	5 克	食用油	适量
葱白	5 克		

小贴士

荷兰豆具有益脾和胃、生津止渴、和中下气等功效，对脾胃虚弱、小腹胀满、烦热口渴等症有很好的食疗效果。

制作提示

在炒制之前，先将荷兰豆焯水，可以保持其颜色鲜绿油亮。

做法演示

1. 洗净的鲜香菇切片。

2. 锅中加水煮开，加食用油、盐拌匀。

3. 倒入鲜香菇略煮。

4. 倒入洗好的荷兰豆煮2分钟。

5. 倒入红椒片拌匀，焯水片刻。

6. 将煮好的材料捞出备用。

7. 油锅烧热，倒入生姜片、蒜末、葱白爆香。

8. 倒入焯水后的荷兰豆、鲜香菇和红椒片炒匀。

9. 加鸡精、盐，淋入料酒，炒匀调味。

10. 用水淀粉勾芡。

11. 快速翻炒均匀。

12. 盛出装盘即可。

蒜薹炒土豆条

蒜薹含有糖类、胡萝卜素、维生素、钙、磷等营养物质，其所含的维生素 C 具有明显的降血脂及预防冠心病和动脉硬化的作用。蒜薹还含有丰富的纤维素，可以促进消化，用于辅助治疗便秘等症。多食用蒜薹，还有助于预防痔疮。

蒜薹	100 克	盐	3 克
土豆	150 克	料酒	3 毫升
红椒丝	20 克	水淀粉	适量
生姜片	5 克	鸡精	3 克
葱段	5 克	食用油	适量

小贴士

土豆皮下的汁液含有丰富的蛋白质，所以在烹饪土豆时，只需削掉最外的薄薄一层皮，以便保留更多的蛋白质。

制作提示

蒜薹入锅烹制的时间不宜过久，以免其含有的辣素被破坏，降低杀菌作用。

做法演示

1. 将洗好的蒜薹切成段。

2. 去皮洗净的土豆切条，放入清水中浸泡片刻。

3. 热锅注入食用油，烧至四成热，倒入蒜薹。

4. 滑油片刻，捞出备用。

5. 倒入切好的土豆。

6. 炸约2分钟至米黄色时捞出。

7. 锅留底油，放入生姜片、红椒丝、葱段爆香。

8. 倒入炸过的土豆。

9. 再加入滑油后的蒜薹。

10. 加盐、鸡精、料酒，翻炒1分钟至熟透。

11. 倒水，以水淀粉勾芡。

12. 炒匀盛出装盘即可。

口味 鲜　　人群 女性　　技法 炸

红烧鳜鱼

　　鳜鱼含有蛋白质、脂肪、少量维生素、钙、钾、镁、硒等营养成分，其肉质细嫩，非常容易消化，且所含热量也较低，是想美容又怕肥胖的女士的极佳选择。鳜鱼还具有补气血、益脾胃的滋补功效。

鳜鱼	1条	葱段	5克
干辣椒	20克	料酒	5毫升
水发香菇	20克	淀粉	适量
生姜丝	5克	水淀粉	适量
葱白	5克	蚝油	适量
豆瓣酱	8克	香油	适量
盐	3克	食用油	适量
白糖	3克		

小贴士

鳜鱼肉多刺少，不像草鱼、鲤鱼那样，细刺多。所以，如果想吃鱼又怕鱼刺卡着喉咙，可以选择鳜鱼进行烹饪。

制作提示

烹饪前，将宰杀好的鳜鱼放入牛奶中泡一会儿，不仅能除去鱼腥味，还能增加鱼的鲜味。

做法演示

1. 鳜鱼宰杀洗净，剖上花刀。

2. 加料酒、盐、白糖，用淀粉裹匀，腌渍10分钟。

3. 锅中注入食用油烧至六成热，放入鳜鱼炸至金黄色时捞出。

4. 锅留底油，入生姜丝、葱白、豆瓣酱、干辣椒、香菇炒匀。

5. 加水，放入炸好的鳜鱼，加盐、白糖、蚝油、料酒。

6. 加盖以大火焖煮2~3分钟至鳜鱼肉入味。

7. 将煮好的鳜鱼盛入盘中。

8. 原汤加水淀粉，入香油、熟油拌匀成汁。

9. 将浓汁浇在鳜鱼上，撒入葱段即成。

香麻藕条

　　莲藕含有淀粉、蛋白质、天门冬素、维生素 C 以及氧化酶等成分，生吃莲藕能清热除烦、解渴止呕；煮熟的莲藕性温，味甘，能健脾开胃、益血补心。莲藕对肝病、便秘、糖尿病等患者十分有益。

材料

莲藕	300 克	盐	3 克
干辣椒	10 克	鸡精	3 克
葱段	5 克	水淀粉	适量
花椒	8 克	食用油	适量

莲藕　　　干辣椒　　　葱　　　花椒

做法演示

1. 将去皮洗净的莲藕切条，装盘备用。

2. 锅中注水烧开，加食用油、盐，放入莲藕条。

3. 焯烫片刻，捞起。

4. 锅注食用油烧热，放干辣椒、葱段、花椒爆香。

5. 倒入莲藕条炒匀。

6. 加盐、鸡精调味。

7. 用水淀粉勾芡。

8. 翻炒片刻至熟透。

9. 出锅盛入盘中即可。

口味 酸　　人群 儿童　　技法 炸

福建荔枝肉

　　荸荠含有大量的蛋白质、钙、铁、锌和烟酸等营养素，具有清热解毒、解热止渴、利尿通便、消食除胀等功效。此外，荸荠中磷的含量非常高，对牙齿和骨骼的发育有很大的益处，因此适合儿童食用。

荸荠肉	100 克	白醋	4 毫升
猪瘦肉	200 克	水淀粉	适量
葱末	7 克	红糟汁	少许
蒜末	3 克	西红柿汁	少许
盐	3 克	蛋清	适量
淀粉	适量	食用油	适量
白糖	5 克		

📄 小贴士

　　荸荠是寒性食物，具有清热降火的功效，既可清热生津，又可补充营养，经常食用，还有防癌抗癌的功效。

❗ 制作提示

　　荸荠是水生蔬菜，极易受到污染，生吃易中毒，最好烹饪熟后再食用。

📷 做法演示

1. 猪瘦肉洗净，切网格花刀。

2. 荸荠肉洗净切小块。

3. 猪瘦肉片入热水，汆至断生。

4. 荸荠和猪瘦肉片、红糟汁、盐、蛋清、淀粉拌匀。

5. 猪瘦肉片花刀面朝外，成荔枝状，插入牙签固定。

6. 裹上淀粉备用。

7. 热锅注入食用油烧至五成热，倒入荸荠略炸，捞出。

8. 猪瘦肉入锅，炸至熟且呈荔枝状后捞出，抽去牙签。

9. 锅留底油，倒入蒜末、葱末煸香。

10. 加白醋、红糟汁、西红柿汁、白糖、水淀粉调汁。

11. 倒入荸荠肉和荔枝状的猪皮肉拌炒匀。

12. 出锅即成。

豆豉肉片炒冬瓜

　　冬瓜含有钾、钠、钙、铁、锌、铜、磷、硒等营养素，其含钾量显著高于含钠量，是典型的高钾低钠型蔬菜，对需进食低钠盐食物的肾脏病、高血压、水肿等症患者大有益处。冬瓜中的硒元素还具有一定的抗癌作用。

小贴士

挑选冬瓜时，用手指按外皮，皮较硬、肉质密、种子已成熟且呈黄褐色的冬瓜口感较好。

制作提示

豆豉最好不要清洗，否则会使香味丢失，也会降低营养价值。

做法演示

1. 洗净的冬瓜去皮后切薄片。

2. 洗净的猪瘦肉切片，加盐、水淀粉抓匀。

3. 再倒入少许食用油拌匀，腌渍 10 分钟。

4. 油锅烧热，放入蒜苗梗、生姜片、豆豉，爆香。

5. 倒入冬瓜片，翻炒均匀，注入少许清水。

6. 煮沸后，加蚝油、鸡精调味。

7. 倒入猪瘦肉片。

8. 淋入少许清水，翻炒至熟透。

9. 放入蒜苗叶，翻炒均匀。

10. 加少许盐调味。

11. 再注入少许食用油炒匀。

12. 盛出装盘即可。

口味 辣　　人群 一般人群　　技法 炒

萝卜干炒肚丝

　　萝卜干含有糖分、蛋白质、B 族维生素、铁、胡萝卜素、维生素 C 以及钙、磷等人体所需的营养物质，具有开胃、防暑、消炎、化痰、止咳以及降血脂、降血压等功效，享有"素人参"的美誉。

材料

萝卜干	200 克	白糖	3 克
熟牛肚	300 克	鸡精	3 克
洋葱丝	20 克	老抽	4 毫升
红椒丝	20 克	生抽	4 毫升
生姜片	5 克	料酒	4 毫升
葱段	5 克	水淀粉	适量
蒜末	4 克	食用油	适量
盐	3 克		

做法演示

1. 将洗好的萝卜干切段。

2. 将熟牛肚洗净切丝。

3. 锅中加水烧开，加食用油，倒入萝卜干，稍煮后捞出。

4. 热锅注入食用油，入姜、蒜、红椒、葱、洋葱爆香。

5. 倒入熟牛肚炒匀。

6. 加入少许料酒炒香，再倒入萝卜干炒匀。

7. 加盐、鸡精、白糖、老抽、生抽炒匀。

8. 加水淀粉勾芡，淋入熟油拌匀，翻炒片刻至入味。

9. 起锅，盛入盘中即成。

口味 咸　　人群 儿童　　技法 煮

咖喱猪肘

　　猪肘含有丰富的蛋白质，特别是含有大量的胶原蛋白质，经常食用可使皮肤丰满、润泽，还能开胃、增肥，是体质虚弱及身体瘦弱者的食疗佳品。此外，猪肘还有和血脉、填肾精、健腰脚等功效。

熟猪肘	500 克	盐	2 克
咖喱膏	30 克	鸡精	2 克
洋葱片	20 克	白糖	2 克
青椒片	30 克	老抽	4 毫升
红椒片	30 克	水淀粉	适量
生姜片	5 克	料酒	4 毫升
蒜末	5 克	食用油	适量

猪肘　　洋葱　　青椒　　红椒

📝 小贴士

　　猪肘营养很丰富，含较多的蛋白质，特别是胶原蛋白。但是要注意晚餐吃得太晚时或临睡前不宜吃猪肘，以免增加血液黏度。

❗ 制作提示

　　若用新鲜猪肘做菜，可先将猪肘氽去血水，再放入高压锅，加几片生姜，熬煮 30 分钟以上。

📬 做法演示

1. 将熟猪肘切成片，装入盘中备用。

2. 锅中注入食用油烧热，入姜、蒜、洋葱、青椒、红椒。

3. 倒入切好的熟猪肘，加入少许料酒炒香。

4. 倒入咖喱膏，翻炒均匀。

5. 加入盐、鸡精、白糖和老抽。

6. 再加入少许清水，炒约 1 分钟至入味。

7. 倒入少许水淀粉勾芡。

8. 再淋入熟油拌炒均匀。

9. 起锅，盛入盘中即可。

酸汤鲈鱼

鲈鱼含有多种维生素及微量元素，经常食用对人体十分有益。此外，鲈鱼的蛋白质含量也很丰富，有补五脏、益筋骨、和肠胃的作用。鲈鱼中铁的含量也非常丰富，对缺铁性贫血有很好的食疗作用。

材料

鲈鱼	500 克	白糖	3 克
酸菜	100 克	胡椒粉	3 克
生姜片	25 克	料酒	5 毫升
红椒圈	20 克	醋	5 毫升
盐	3 克	食用油	适量
鸡精	2 克		

做法演示

1. 把洗净的酸菜切碎。

2. 处理干净的鲈鱼撒盐抹匀，腌渍约 10 分钟。

3. 锅内注入食用油烧热，放入生姜片爆香。

4. 放入鲈鱼，用小火煎约 1 分钟。

5. 淋入料酒。

6. 再注入适量清水。

7. 加入盐调味。

8. 盖上盖，煮约 5 分钟至汤汁呈奶白色。

9. 揭开盖，倒入准备好的酸菜和红椒圈。

10. 拌煮约 2 分钟至沸腾。

11. 加醋、盐、白糖、鸡精、胡椒粉调味。

12. 用汤勺撇掉浮沫，出锅即可。

□ 口味 咸　☺ 人群 一般人群　✖ 技法 炒

豉椒炒鸡翅

　　青椒含有的辣椒素是一种抗氧化物质，它可阻止有关细胞的新陈代谢，从而终止细胞组织的癌变过程，降低癌症的发生概率。此外，青椒强烈的香辣味能刺激唾液和胃液的分泌，可增强食欲、促进肠道蠕动、帮助消化。

鸡翅	300 克	盐	3 克
青椒	100 克	白糖	2 克
红椒	100 克	淀粉	5 克
豆豉	15 克	料酒	5 毫升
葱段	10 克	水淀粉	适量
蒜片	10 克	蚝油	适量
生姜片	5 克	食用油	适量

📝 小贴士

在鸡翅的软骨和骨头中，可以摄取具有强健血管及美白皮肤功效的成胶原及弹性蛋白，对血管、皮肤、内脏均有益。

❗ 制作提示

用调味料调味后要转成中火，再淋入水淀粉勾芡，芡汁才会均匀、浓稠。

🍳 做法演示

1. 洗净的鸡翅剔除鸡骨，取肉切成小片。

2. 红椒、青椒均洗净，去籽，切成片。

3. 鸡肉片加入料酒、盐、淀粉拌匀。

4. 再注入少许食用油，腌渍 10 分钟。

5. 油锅烧热，下入生姜片、蒜片、葱段、豆豉爆香。

6. 再倒入腌好的鸡肉片，翻炒均匀。

7. 放入青椒片、红椒片，淋入料酒炒匀。

8. 加盐、白糖、蚝油。

9. 翻炒至熟透。

10. 用水淀粉勾芡。

11. 加入少许熟油炒匀。

12. 出锅装盘即成。

泡椒炒鸭肠

　　鸭肠含有丰富的蛋白质、碳水化合物、维生素 A、B 族维生素、维生素 C、烟酸以及钙、铁、锌、钾、磷、硒等营养成分，可以促进人体的新陈代谢，对神经、心脏和视觉的维护也具有良好的食疗作用。

📋 材料

鸭肠	200 克	盐	2 克
灯笼泡椒	80 克	鸡精	2 克
泡小米椒	80 克	白糖	3 克
蒜苗段	50 克	水淀粉	适量
青椒片	15 克	料酒	6 毫升
红椒片	15 克	食用油	适量

鸭肠　　　灯笼泡椒　　泡小米椒　　青椒

📝 小贴士

质量好的鸭肠一般呈乳白色，黏液多，异味较轻，具有韧性，不带粪便及污物。如果鸭肠色泽变暗，呈淡绿色或灰绿色，说明质量欠佳，不宜选购。

❗ 制作提示

清洗鸭肠时，可以在水中放入少许盐和醋，然后用力搓洗，这样更容易将黏液清除。

✉ 做法演示

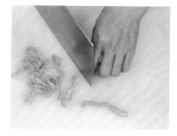

1. 将洗净的鸭肠切段。

2. 灯笼泡椒洗净对半切开。

3. 炒锅注入食用油，烧至四成热，倒入蒜苗段炒香。

4. 放入鸭肠，拌炒1分钟至熟。

5. 倒入泡小米椒，淋入料酒，再加入灯笼泡椒。

6. 加入切好的青椒片、红椒片，拌炒1分钟。

7. 放入盐、鸡精、白糖、料酒，炒匀。

8. 用水淀粉勾芡，翻炒至入味。

9. 出锅前淋入熟油即成。

糖醋黄鱼

　　黄鱼富含蛋白质、维生素、钙、镁、硒等营养成分，对人体有很好的补益作用。其所含的硒具有延缓衰老的作用，还对各种癌症有一定的防治功效。黄鱼有健脾开胃、安神的功效，对失眠、食欲不振等症有良好的食疗功效。

材料

黄鱼	300 克	白糖	3 克
番茄酱	30 克	水淀粉	适量
红椒末	20 克	食用油	适量
蒜末	5 克	淀粉	5 克
盐	3 克		

小贴士

　　鱼头有腥味，最好揭去鱼的头皮，其位置在腮边，薄薄的一小片，左右各一片，向上撕除即可。

制作提示

　　烹饪此菜时，可在用水淀粉勾芡的过程中加少许白醋，可以使口感更好。

做法演示

1. 黄鱼宰杀处理干净，打十字花刀。

2. 加适量盐抹匀，再撒上淀粉抹匀。

3. 锅中注入食用油，烧至六成热时，放入黄鱼。

4. 中火炸 2 ～ 3 分钟，至鱼身呈金黄色且熟透。

5. 捞出黄鱼，装盘备用。

6. 锅留底油，倒入蒜末、红椒末爆香。

7. 加番茄酱拌匀。

8. 加入白糖拌匀。

9. 再加入少许水煮沸。

10. 淋入少许水淀粉。

11. 调匀制成芡汁。

12. 将芡汁淋在鱼身上即成。

香煎黄骨鱼

　　黄骨鱼肉质细嫩、味道鲜美，具有很高的营养价值，其富含蛋白质、脂肪、胡萝卜素、维生素 A、维生素 C 和钙、磷、钾、钠等矿物质，有利尿消肿、益脾胃和解毒的功效。尤其适宜肝硬化腹水以及营养不良性水肿患者食用。

材料

黄骨鱼	300 克	盐	3 克
葱花	15 克	鸡精	3 克
姜酒汁	15 毫升	食用油	适量
生抽	6 毫升	包菜	适量

黄骨鱼

葱花

盐

鸡精

小贴士

有痼疾宿病的人，如支气管哮喘、淋巴结核、癌肿、红斑狼疮以及顽固瘙痒性皮肤病，忌食或慎食黄骨鱼，且黄骨鱼忌与中药荆芥同食。

制作提示

黄骨鱼土腥味较重，因此烹制前需彻底清洗干净，否则会影响口感。

做法演示

1. 黄骨鱼宰杀洗净，加入姜酒汁，淋入生抽。

2. 再加入盐、鸡精拌匀，腌渍15分钟。

3. 锅置大火上，注入食用油烧热。

4. 放入黄骨鱼，小火煎约1分钟。

5. 用锅铲翻面。

6. 继续煎约2分钟，至鱼身呈金黄色且熟透。

7. 将煎好的黄骨鱼夹入铺有包菜的盘内。

8. 淋入少许熟油。

9. 撒上葱花即成。

蒜末豆豉蒸黄骨鱼

　　黄骨鱼性平，味甘，归脾、胃二经，具有利小便、消浮肿的功效。豆豉作为家用的调味品，适合做鱼时用来去腥、调味，同时豆豉还是一种中药，有和胃、除烦、祛寒热的功效，适宜风寒感冒、鼻塞流涕等症。

黄骨鱼	300 克	白糖	5 克
豆豉	20 克	鸡精	3 克
蒜末	10 克	盐	3 克
生姜末	5 克	蚝油	适量
葱花	5 克	生抽	8 毫升
红椒末	8 克	食用油	适量

📎 **小贴士**

豆豉也是一味中药，风寒感冒、寒热头痛、鼻塞打喷嚏、腹痛吐泻者宜食。

❗ **制作提示**

鱼入蒸锅后，要将锅密封好，避免漏气，然后再用大火蒸，蒸几分钟就好，以免鱼肉变老。

💬 **做法演示**

1. 豆豉剁成末备用。

2. 将处理干净的黄骨鱼斩块。

3. 将黄骨鱼装碗，放入豆豉末。

4. 加入生姜末、少许葱花、红椒末、蒜末，拌匀。

5. 再加入白糖、鸡精、盐、蚝油，拌匀。

6. 再淋入生抽、食用油拌匀，摆放在盘中。

7. 将黄骨鱼放入蒸锅。

8. 盖上锅盖，大火蒸约 5 分钟至黄骨鱼熟透。

9. 揭盖，取出蒸熟的黄骨鱼。

10. 撒上剩余的葱花。

11. 另起锅，注入食用油烧热。

12. 将热油浇入盘中即成。

浓香咖喱鱼丸

　　土豆是餐桌上的常客，既可作为主食，也可作为蔬菜食用。土豆富含维生素 B_1、维生素 B_2、维生素 B_6 及大量的优质纤维素，还含有微量元素、氨基酸、蛋白质、脂肪和优质淀粉等营养素，营养价值很高。

🍲 材料

土豆	120 克	咖喱膏	30 克
鱼丸	300 克	盐	3 克
胡萝卜	150 克	白糖	3 克
洋葱末	15 克	鸡精	2 克
蒜末	15 克	水淀粉	适量
青椒末	15 克	食用油	适量
红椒末	15 克		

📋 做法

1. 将去皮洗净的土豆和胡萝卜分别切块。
2. 锅中注水烧开，加盐、鸡精、胡萝卜、土豆，焯熟后捞出。
3. 倒入鱼丸余煮片刻，捞出沥干。
4. 油锅烧热，放洋葱、蒜、青椒、红椒炒香。
5. 放入咖喱膏炒匀。
6. 倒入胡萝卜、土豆、鱼丸，翻炒均匀。
7. 倒入少许清水，煮至沸腾。
8. 加盐、鸡精、白糖调味，翻炒至入味。
9. 加水淀粉勾芡，快速炒匀，盛盘即可。

PART 3

保肝护肾篇

　　健康的肝是机体有效排毒的保证，健康的肾是机体正常新陈代谢的保证，肝肾是五脏六腑之根，与人的健康息息相关。良好的生活习惯，辅以合理的膳食，能为我们的肝肾保驾护航。要想食物更好地发挥保肝护肾的作用，应该注意食材的搭配与制作。

一品豆腐

　　豆腐营养丰富，不仅含有铁、钙、磷、镁和其他人体必需的多种微量元素，还含有糖类、植物油和丰富的优质蛋白，素有"植物肉"之美誉。豆腐的消化吸收率高达95%以上。两小块豆腐，就可满足一个人一天钙的需求量。

材料

豆腐	300 克	盐	3 克
上海青	150 克	豆瓣酱	5 克
牛肉	100 克	水淀粉	适量
红椒粒	10 克	料酒	5 毫升
生姜末	5 克	食用油	适量
蒜末	5 克		

小贴士

上海青含有丰富的维生素 B_2，有抑制溃疡的作用，常食对皮肤和眼睛的保养都有很好的食疗效果。

制作指导

肉末和豆腐入锅蒸的时间不宜过长，以肉刚熟为佳。

做法演示

1. 将豆腐洗净切长方块，摆入盘中。

2. 洗好的上海青去叶留梗，将梗对半切开。

3. 洗净的牛肉先切片，然后剁成肉末。

4. 锅中加水烧开，加食用油、盐拌匀。

5. 倒入上海青，煮约1分钟至熟，捞出。

6. 油锅烧热，倒入蒜末、生姜末、红椒粒爆香。

7. 放牛肉炒匀，加料酒炒熟。

8. 放入豆瓣酱炒匀。

9. 加入水淀粉勾芡，制成馅料。

10. 将馅料盛出，铺在豆腐块上。

11. 将豆腐放入蒸锅，加盖，大火蒸约3分钟至熟透。

12. 揭盖，取出蒸好的豆腐，摆入上海青装饰即可。

沙茶牛肉

　　牛肉的肌氨酸含量非常高，具有增长肌肉、增强体力的作用。此外，牛肉还含有丰富的维生素 B_6，能增强人体的免疫力，并促进蛋白质的新陈代谢和合成，还有助于紧张训练后身体的恢复。

材料

牛肉	450 克	沙茶酱	25 克
洋葱	50 克	盐	3 克
青椒	15 克	蚝油	适量
红椒	15 克	小苏打	3 克
蒜末	5 克	生抽	4 毫升
青椒末	5 克	水淀粉	适量
红椒末	5 克	食用油	适量

小贴士

优质的牛肉有如下特点：肉皮上无红点，肉有光泽，色红均匀，肉的脂肪呈洁白色或淡黄色。

制作指导

牛肉片腌渍时要充分拌匀，这样炒制出来的牛肉才嫩滑。

做法演示

1. 将洗净的青椒、红椒分别切成片。

2. 洗好的洋葱切片。

3. 洗净的牛肉切片，加小苏打、生抽、盐抓匀。

4. 再加水淀粉、食用油拌匀，腌渍 10 分钟。

5. 热锅注入食用油，烧至四成热，放牛肉滑油片刻后捞出。

6. 锅留底油烧热，放入蒜末、青椒末、红椒末爆香。

7. 再倒入青椒片、红椒片和洋葱片炒匀。

8. 倒入牛肉，放入沙茶酱炒匀。

9. 加盐、蚝油调味。

10. 翻炒至熟透。

11. 用水淀粉勾芡，翻炒均匀。

12. 盛入铺有生菜的盘内即成。

孜然羊肉

　　羊肉肉质细嫩，容易消化，高蛋白、低脂肪、含磷脂多，较猪肉和牛肉的脂肪含量少，胆固醇也少，既是冬季防寒温补的美味之一，又是优良的强壮祛疾食物，具有益气补虚、补肾壮阳、增强机体免疫力的功效。

材料

羊肉	400 克	盐	3 克
生姜片	25 克	白糖	2 克
蒜末	25 克	鸡精	2 克
香菜	8 克	水淀粉	适量
辣椒粉	20 克	葱姜酒汁	少许
孜然粉	10 克	食用油	适量

羊肉　　生姜　　蒜　　香菜

小贴士

切羊肉前，应将羊肉中的膜剔除，否则煮熟后肉膜变硬，会使羊肉的口感变差。炒羊肉的时候，应该用大火快炒，否则羊肉很容易出汁，口感会变老。

制作指导

将羊肉切块放入水中，加点米醋，待煮沸后捞出羊肉再继续烹调，可去除羊肉的膻味。

做法演示

1. 羊肉洗净，剔骨、切片；香菜洗净切段备用。

2. 将羊肉装入盘中备用。

3. 加葱姜酒汁、盐、鸡精、白糖、水淀粉拌匀，腌渍入味。

4. 油锅烧热，倒入羊肉，不停搅动，熟后捞起。

5. 锅留底油，炒香生姜片、蒜末。

6. 倒入羊肉翻炒片刻。

7. 撒入辣椒粉炒匀。

8. 加孜然粉炒入味。

9. 撒入香菜段炒匀，装盘即成。

□ 口味 清淡　　☺ 人群 一般人群　　✗ 技法 煮

白水羊肉

　　羊肉不仅味道鲜美，而且含有丰富的蛋白质、维生素及多种矿物质等营养成分，具有良好的温补强健功效，对风寒咳嗽、体虚怕冷、腰膝酸软、气血两亏及身体虚亏等症状均有良好的补益和食疗效果。

材料

羊肉	500 克	桂皮	10 克
生姜片	10 克	蒜末	5 克
葱条	10 克	盐	3 克
八角	10 克	料酒	适量

羊肉　　　生姜　　　葱　　　蒜

做法演示

1. 锅中加适量清水烧热。

2. 放入生姜片、葱条、八角、桂皮。

3. 盖上盖，用大火烧开。

4. 揭盖，倒入料酒，加入少许盐拌匀。

5. 再放入羊肉。

6. 加盖烧开，转小火续煮 1 个小时。

7. 将煮好的羊肉待凉后，放入冰箱冷冻 1 ~ 2 个小时。

8. 取出冻好的羊肉，切薄片。

9. 与蒜末一起装盘，蘸食即可。

螺肉炖老鸭

　　螺肉味道鲜美，素有"盘中明珠"的美誉。它含有丰富的蛋白蛋、多种维生素和人体必需的氨基酸和微量元素等营养成分，是典型的高蛋白、低脂肪、高钙质的天然动物性保健食物，具有清热、利水消肿的作用。

材料

鸭肉	250 克	葱段	10 克
螺肉	150 克	盐	3 克
火腿	30 克	白糖	3 克
生姜片	20 克	料酒	5 毫升
鲜香菇	20 克	胡椒粉	适量

鸭肉　　螺肉　　生姜　　香菇

小贴士

　　在食用田螺的时候不要饮用冰制品。田螺以个大、体圆、壳薄、掩盖完整收缩、螺壳呈淡青色、壳无破损、无肉溢出的为佳。

制作指导

　　为防止病菌和寄生虫感染，在食用螺类时一定要煮透，一般煮 10 分钟以上再食用为佳。

做法演示

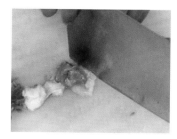

1. 鸭肉洗净，斩块。

2. 斩好的鸭肉装盘。

3. 锅中加水烧开，倒入鸭肉、螺肉，汆煮至断生后捞出。

4. 锅中加适量清水烧开。

5. 入鸭肉块、螺肉、火腿、生姜片、鲜香菇、少许葱段煮沸。

6. 淋入料酒煮开，将锅中材料转到炖盅。

7. 盖上盖。

8. 选择相关功能键，炖1个小时。

9. 汤炖好后，加盐、白糖调味，撒入余下葱段、胡椒粉即成。

🎋口味 鲜　😊人群 男性　❌技法 煮

海鲜砂锅粥

　　花蟹含有人体所需的优质蛋白质、维生素、钙、磷、锌、铁等营养成分，具有清热散结、通脉滋阴、补肝肾、生精髓、壮筋骨的功效，对人体有很好的滋补作用。此外，花蟹还有抗结核作用，对结核病患者的身体恢复大有裨益。

材料

花蟹	80 克	生姜丝	20 克
蛤蜊	50 克	葱花	20 克
基围虾	60 克	鸡精	3 克
鱿鱼	50 克	料酒	10 毫升
大米	200 克	芝麻酱	适量
盐	3 克	食用油	适量

小贴士

基围虾含有的镁元素能保护心血管系统，降低血液中的胆固醇含量，防止动脉硬化，对预防高血压和心肌梗死有益。

制作指导

基围虾处理时不需要去皮，这样可保留更多的鲜味。

做法演示

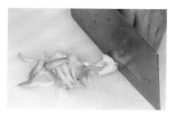

1. 洗净的鱿鱼切段。

2. 花蟹洗净，斩块。

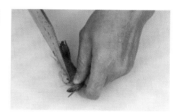

3. 基围虾洗净，切去头须，背部切开。

4. 鱿鱼、花蟹、基围虾加料酒、盐、鸡精腌渍。

5. 取砂锅，加入适量清水烧开。

6. 将洗净的大米倒入砂锅，再加入食用油拌匀。

7. 加盖，以小火煮 15 分钟，煮成粥。

8. 揭开锅盖，放入生姜丝。

9. 再倒入洗净的蛤蜊、基围虾、花蟹、鱿鱼拌匀。

10. 加盖，煮 2 ~ 3 分钟至熟透。

11. 加盐、鸡精、芝麻酱、葱花。

12. 关火，端下砂锅即成。

碧螺春虾仁

　　虾仁含有丰富的蛋白质、矿物质及多种维生素等营养成分，具有补肾壮阳、健脾益胃的功效，可作为食疗补品，身体虚弱、乏力及病后调养者可适量多吃。虾仁所含的虾青素，还具有延缓衰老的作用。

材料

虾仁	150 克		淀粉	10 克	
碧螺春	50 克		水淀粉	适量	
盐	3 克		胡椒粉	3 克	
鸡精	3 克		蛋清	少许	
葱	5 克		料酒	10 毫升	
生姜	5 克		食用油	适量	
白糖	3 克				

虾仁　　　　盐　　　　葱　　　　生姜

小贴士

虾仁含有丰富的钾、碘、镁、磷等矿物质及维生素 A 等成分，具有补肾壮阳、增强免疫力等功效。吃虾期间严禁同时服用大量维生素 C，否则易引起中毒。

制作指导

烹制前，先将虾仁用料酒、葱、姜浸泡片刻，能去除腥味。

做法演示

1. 虾仁洗净，背部切开，挑去虾线。

2. 生姜、葱装入碗中，加少许料酒，挤出汁。

3. 将汁倒入装有虾仁的盘中。

4. 加少许盐、鸡精、白糖、蛋清、淀粉拌匀，腌渍片刻。

5. 碧螺春用开水泡好备用。

6. 油锅烧热，倒入虾仁，炸约1分钟至熟，捞出。

7. 锅留底油，倒入炸好的虾仁、茶水煮沸。

8. 收汁后撒入少许胡椒粉，再用少许水淀粉勾芡。

9. 出锅，装入盘中，撒上少许碧螺春即成。

口味 鲜　　👤人群 男性　　✖技法 蒸

清蒸黄骨鱼

　　黄骨鱼不但味美，还可以当作药膳来进行食用。黄骨鱼富含蛋白质，具有维持人体内钾钠平衡的作用，还可以调低血压、缓解肾炎水肿等症，有利于人体的生长发育；它还富含铜，铜是人体健康不可缺少的微量营养素，对血液、中枢神经和免疫系统有重要影响。

材料

黄骨鱼	400 克	葱丝	5 克
葱条	10 克	盐	3 克
红椒丝	20 克	蒸鱼豉油	少许
生姜丝	5 克	食用油	适量

黄骨鱼　　　　葱　　　　红椒　　　　生姜

小贴士

葱泡在水里或煮制的时间不宜过久，否则其食疗效果会丧失。脑力劳动者宜多食些葱，但胃病和视力减弱的患者应节制食用。

制作指导

烹饪此菜应讲究大汽大火，一定要上汽后再将黄骨鱼放入蒸锅，以保证其肉质鲜嫩肥美。

做法演示

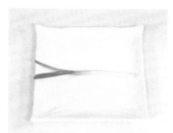

1. 将洗好的葱条垫在盘底。

2. 放入宰杀好的黄骨鱼。

3. 撒上少许盐，再放上生姜丝。

4. 将黄骨鱼放入蒸锅。

5. 加盖，大火蒸 5 分钟至熟。

6. 揭盖，取出蒸熟的黄骨鱼。

7. 撒上葱丝和红椒丝，再淋入少许热油。

8. 锅烧热，将蒸鱼豉油倒入锅中，小火煮沸。

9. 将蒸鱼豉油浇入盘底即成。

93

板栗排骨汤

　　板栗为补肾强骨之果，含有丰富的胡萝卜素、维生素 C、不饱和脂肪酸等。板栗味甘，性温，具有健脾补肝、强身壮骨的作用，经常生食可改善腰腿无力等症状。此外，板栗壳还有收敛的作用。

材料

猪排骨	300 克
板栗肉	150 克
生姜片	20 克
盐	3 克
鸡精	3 克
料酒	适量

小贴士

购买板栗时要注意，陈年板栗往往表面光亮、颜色深如巧克力，不宜购买；新鲜板栗颜色较浅，表面如覆了一层不太有光泽的薄粉。

制作指导

在将锅中材料转到砂锅煲的时候，水要一次性加够，中途不要加水。

做法演示

1. 锅中加适量清水，倒入洗净的猪排骨。

2. 加盖煮沸。

3. 揭盖后用漏勺将猪排骨捞出，沥干水分备用。

4. 锅中加适量清水烧热，倒入猪排骨、板栗肉。

5. 撒上生姜片。

6. 淋上料酒。

7. 加盖煮沸。

8. 将锅中材料转到砂煲。

9. 砂煲放置火上烧开。

10. 加盖，转小火慢炖1个小时。

11. 揭开盖，放入盐、鸡精调味。

12. 端下砂煲，装好盘食用即可。

🏠 口味 鲜　😊 人群 男性　✖️ 技法 炖

锁阳淮山猪腰汤

　　猪腰含有蛋白质、脂肪、碳水化合物、钙、磷、铁和维生素等营养成分，且性平、味咸，归肾经，具有补肾益精、利水、健肾强腰、和肾理气的功效，可辅助治疗肾虚腰痛、遗精盗汗、产后虚羸、身面水肿等症。

材料

猪腰	200 克	鸡精	2 克
淮山片	100 克	料酒	8 毫升
锁阳	6 克	白醋	少许
生姜片	3 克	食用油	适量
盐	3 克		

▶ 做法演示

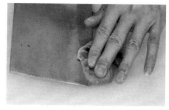

1. 将洗净的猪腰切去筋膜。

2. 切上网格花刀后切直刀，再斜刀切成片。

3. 锅中加清水，入淮山片，加白醋烧开，片刻捞出。

4. 倒入切好的猪腰。

5. 余煮约 2 分钟至断生，捞出备用。

6. 油锅烧热，倒入生姜片爆香，加适量清水。

7. 放入洗好的淮山片、锁阳、猪腰。

8. 再加入料酒、盐、鸡精煮沸。

9. 将锅中的所有材料盛入汤盅。

10. 放入蒸锅。

11. 加盖，小火蒸 40 分钟至熟。

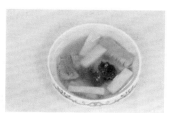

12. 取出即可食用。

酒香腰丝

　　猪腰质地脆嫩，不但口感好，营养价值也很高，常用作食疗的辅助之品。猪腰有补肾气、通膀胱、消积滞的功效，适宜老年人肾虚耳聋、耳鸣者食用，注意血脂偏高和高胆固醇血症患者禁食。

材料

猪腰	200 克	白糖	3 克
洋葱丝	20 克	淀粉	3 克
红椒丝	30 克	生抽	6 毫升
青椒丝	30 克	水淀粉	适量
盐	3 克	料酒	10 毫升
鸡精	3 克	食用油	适量
味精	3 克		

做法演示

1. 把洗净的猪腰对半切开，去除筋膜。

2. 再切成细丝，放入盘中备用。

3. 加料酒、盐、味精、淀粉拌匀，腌渍 10 分钟。

4. 锅中加适量水烧热，放入猪腰拌匀。

5. 汆至断生后捞出。

6. 油锅烧热，倒入青椒丝、红椒丝、洋葱丝。

7. 再倒入猪腰，加料酒炒匀。

8. 淋入生抽，炒至猪腰熟透。

9. 加入盐、鸡精、白糖炒至入味。

10. 加水淀粉勾芡。

11. 翻炒均匀。

12. 出锅即成。

脆皮羊肉卷

羊肉鲜嫩，含有丰富的蛋白质、脂肪、磷、铁、钙、维生素 B_1、维生素 B_2、烟酸、胆固醇等营养成分，凡肾阳不足、腰膝酸软、腹中冷痛、虚劳不足者皆可用它作食疗品。羊肉还具有补肾壮阳、补虚温中等作用，适合男士经常食用。

材料

羊肉	300 克	鸡精	3 克
洋葱	50 克	料酒	5 毫升
青椒	20 克	水淀粉	适量
红椒	20 克	生抽	6 毫升
全蛋液	100 克	辣椒面	少许
面包糠	150 克	孜然粉	适量
盐	3 克	食用油	适量
蛋清	适量		

做法

1. 洋葱洗净切粒；红椒、青椒洗净去籽切粒。
2. 羊肉洗净剁肉末，加盐、鸡精拌匀。
3. 取适量全蛋液加盐在油锅中煎成数张蛋皮。
4. 起油锅，倒入羊肉末炒匀，加料酒炒熟。
5. 加辣椒面、孜然粉、洋葱、青椒、红椒炒匀。
6. 加生抽炒匀，放盐、鸡精，以水淀粉勾芡。
7. 蛋皮卷肉末，蛋清封两端口，制成肉卷胚。
8. 肉卷胚浇上剩余全蛋液，裹上面包糠，稍炸。
9. 炸好的肉卷切段装盘即可。

PART 4

降"三高"篇

　　"三高"是指高血压、高脂血症、高血糖。这三种疾病是困扰着老年人健康较常见的疾病，大都是由于饮食不当而引起的，因此要对症下药从饮食方面着手解决。本章精选了数款能预防并减缓病情的美食，供患者选择。希望"三高"人士能及早摆脱疾病困扰，恢复身体健康。

芹菜炒香菇

　　芹菜是既可热炒又能凉拌的蔬菜，也是一种具有药用价值的食物，深受人们喜爱。芹菜含有丰富的铁、锌，有平肝降压、安神镇静、抗癌防癌、利尿消肿、增进食欲的作用，多吃芹菜还可以增强人体的抵抗力。

材料

芹菜	150 克	盐	3 克
鲜香菇	120 克	鸡精	3 克
青椒	10 克	水淀粉	适量
红椒	10 克	食用油	适量

芹菜　　　香菇　　　青椒　　　红椒

小贴士

　　芹菜可炒、可拌、可熬、可煲，还可做成饮品。芹菜叶中胡萝卜素和维生素 C 的含量比茎中多，因此吃芹菜时不要把能吃的嫩叶扔掉。

制作指导

　　芹菜易熟，所以炒制的时间不能太长，否则成菜口感不脆嫩。

做法演示

1. 将洗净的芹菜切段。

2. 将洗好的鲜香菇切去蒂，切成丝。

3. 将洗净的红椒、青椒切成丝。

4. 锅中注水烧开，加入食用油、盐，倒入鲜香菇煮沸，捞出。

5. 另起锅，注入食用油烧热，倒入鲜香菇、芹菜、青椒、红椒。

6. 注入少许清水，翻炒至熟。

7. 加入盐、鸡精炒匀调味。

8. 加入少许水淀粉勾芡，炒匀。

9. 将做好的菜盛盘即成。

莴笋拌黄瓜丝

　　莴笋含糖量低，但含烟酸较高，烟酸被视为胰岛素的激活剂，因此，莴笋很适合糖尿病患者食用。同时，莴笋含有少量的碘元素，对人的情绪变化有重大影响。因此莴笋具有镇静作用，经常食用有助于消除紧张、帮助睡眠。

材料

莴笋	100克	盐	3克
黄瓜	150克	鸡精	3克
红椒	25克	陈醋	3毫升
蒜末	5克	辣椒油	少许
葱花	5克	香油	适量

做法演示

1. 将洗净的黄瓜切片，再切成细丝。

2. 去皮洗净的莴笋切片，再切成丝。

3. 洗净的红椒切段，切开去籽，切成丝。

4. 锅中加约1500毫升清水烧开，倒入莴笋拌匀。

5. 焯煮片刻后捞出。

6. 将焯好的莴笋丝装入碗中。

7. 放入黄瓜丝、红椒丝。

8. 加入盐、鸡精、蒜末，用筷子充分拌匀。

9. 倒入陈醋、辣椒油，快速拌匀。

10. 再加入葱花、香油。

11. 再拌一会儿，使其入味。

12. 盛出装盘即可。

黄瓜炒火腿

黄瓜含有人体生长发育和生命活动所必需的多种糖类、氨基酸和维生素，具有除湿、利尿、降脂、镇痛、促消化的功效；其所含的丙醇和乙醇能抑制糖类物质转化为脂肪，对肥胖、高血压和糖尿病患者有利。

材料

黄瓜	500 克	料酒	3 毫升
火腿	100 克	蚝油	3 毫升
红椒	15 克	鸡精	2 克
生姜片	5 克	白糖	3 克
蒜末	5 克	水淀粉	适量
葱白	5 克	食用油	适量
盐	3 克		

小贴士

火腿含有丰富的蛋白质、多种维生素、脂肪、碳水化合物及各种矿物质等人体必需的营养成分。

制作指导

炸火腿的时间不宜太长，以免炸成焦糊状，影响成菜的美观。

做法演示

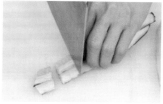

1. 将去皮洗净的黄瓜切条，再切成段。

2. 将洗净的红椒对半切开，切成丝。

3. 火腿去除外包装，切成片。

4. 热锅注入食用油，烧至五成热，倒入火腿拌匀。

5. 炸至暗红色，捞出备用。

6. 锅留底油，倒入生姜片、蒜末、葱白、红椒炒匀。

7. 倒入黄瓜，拌炒片刻。

8. 倒入火腿炒匀。

9. 加料酒、蚝油、盐、鸡精、白糖。

10. 拌炒均匀，使其入味。

11. 加入少许水淀粉勾芡，快速炒匀。

12. 盛出装盘即可。

烧椒麦茄

　　茄子含有葫芦巴碱、水苏碱、胆碱、蛋白质、钙、磷、铁等营养成分，其糖分含量比西红柿高 1 倍。此外，茄子皮富含多种维生素，能够保护血管。常食茄子，可维持血液中的胆固醇含量不致增高，可在一定程度上预防黄疸病、肝脏肿大、动脉硬化等病症。

材料

茄子	350 克	白糖	3 克
青椒	30 克	海鲜酱	5 克
红椒	30 克	蚝油	10 毫升
葱花	25 克	淀粉	适量
盐	3 克	食用油	适量
生抽	6 毫升	水淀粉	适量
鸡精	3 克		

📧 做法演示

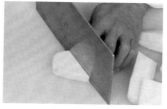

1. 去皮洗净的茄子切成块，再打上麦穗刀花。

2. 洗净的青椒、红椒均切小丁备用。

3. 茄子放入盘中，撒上适量淀粉裹匀。

4. 锅中注入食用油，烧热，倒入茄子。

5. 炸片刻至熟，捞起沥油备用。

6. 锅中注水烧热，放入海鲜酱拌匀。

7. 再加入蚝油、生抽调匀。

8. 加盐、鸡精、白糖调味。

9. 倒入炸好的茄子拌匀。

10. 煮至入味，用大火收汁。

11. 加水淀粉勾芡，撒上葱花。

12. 装盘，撒上青椒丁、红椒丁即可。

蒜苗炒豆腐

　　蒜苗含有糖类、粗纤维、胡萝卜素、维生素 A、维生素 B_2、维生素 C、烟酸、钙、磷等成分，有降低血脂、防止血栓形成以及预防冠心病和动脉硬化的作用，对病原菌和寄生虫都有良好的杀灭作用，还可以起到预防流感、防止伤口感染和驱虫的作用。

材料

豆腐	600 克	盐	3 克
蒜苗	20 克	水淀粉	适量
红椒	15 克	鸡精	3 克
生姜片	5 克	老抽	6 毫升
蒜末	5 克	辣椒油	少许
葱白	5 克	食用油	适量

小贴士

豆腐的蛋白质含量比大豆高，而且豆腐蛋白属于完全蛋白，不仅含有人体必需的氨基酸，而且其比例接近人体需要。

制作指导

蒜苗不宜烹制得过烂，以免辣素被破坏，降低其杀菌作用。

做法演示

1. 洗净的蒜苗切成丁。

2. 洗净的红椒切开，切条，再切成小块。

3. 豆腐洗净切 1 厘米厚片，切条，再切成丁。

4. 锅中加适合清水烧开，加盐。

5. 倒入豆腐，煮约 1 分钟，捞出。

6. 起油锅入生姜片、蒜末、葱白。

7. 再倒入切好的蒜苗炒香。

8. 倒入切好的红椒炒匀，再倒入余水后的豆腐。

9. 再加入 100 毫升清水，加老抽、盐、鸡精。

10. 加辣椒油拌匀，煮约 2 分钟至入味。

11. 加水淀粉勾芡，用温火煮片刻至收汁入味。

12. 盛出装盘即可。

口味 清淡　　人群 高血压患者　　技法 煮

上汤茼蒿

　　茼蒿含有丰富的维生素、胡萝卜素及多种氨基酸，并且含有具有特殊香味的挥发油，有宽中理气、预防高血压、帮助骨骼发育等功效。茼蒿还含有丰富的粗纤维，经常食用有助于加强肠道蠕动，促进消化吸收。

材料

茼蒿	300 克	盐	3 克
红椒丝	20 克	鸡精	3 克
蒜片	5 克	食用油	适量

茼蒿　　　　红椒　　　蒜　　　　盐

做法演示

1. 油锅烧热，倒入蒜片爆香后捞出。

2. 锅中倒入适量清水，加适量盐、鸡精烧开。

3. 放入洗好的茼蒿。

4. 用锅铲拌匀。

5. 焯至断生。

6. 盛出，装入盘中备用。

7. 另起锅，加少许清水烧开，倒入蒜片、红椒丝。

8. 加适量食用油、鸡精、盐调成上汤汁。

9. 将上汤汁淋入盘中的茼蒿上即成。

黄瓜炒猪肝

　　猪肝中铁质含量丰富，是补血最常用的食物，食用猪肝可调节和改善人体造血系统的生理功能；猪肝中还具有一般肉类食物不含的维生素 C 和微量元素硒，能增强人体的免疫反应能力，抗氧化，防衰老，并能抑制肿瘤细胞的产生。

材料

猪肝	100 克	鸡精	3 克
黄瓜	200 克	白糖	2 克
生姜片	5 克	水淀粉	适量
蒜片	5 克	蚝油	6 毫升
胡萝卜片	15 克	料酒	5 毫升
葱白	5 克	香油	少许
盐	3 克	食用油	适量

猪肝　　　黄瓜　　　生姜　　　胡萝卜

小贴士

黄瓜尾部含有较多苦味素，有抗癌的作用，因此不宜把黄瓜尾部全部去掉。

制作指导

黄瓜的做法很多，尤以"拍黄瓜"最为常见。制作此菜时，最好用刀将黄瓜拍裂，然后再将其切碎，这样黄瓜的汁和碎渣就不会乱溅了。

做法演示

1. 洗净的黄瓜切开，去除瓤，斜刀切成片。

2. 将洗净的猪肝切成片。

3. 猪肝加盐、鸡精、白糖、料酒、水淀粉拌匀，腌渍片刻。

4. 用食用油起锅，倒入生姜片、蒜片、葱白爆香。

5. 放入猪肝，倒入黄瓜片，翻炒均匀。

6. 放入胡萝卜片，加盐、鸡精、白糖、蚝油炒匀。

7. 加水淀粉勾芡。

8. 淋入少许香油，拌炒均匀。

9. 盛出装盘即成。

菠菜猪肝汤

　　菠菜柔软滑嫩、味美色鲜，含有丰富的维生素 C、胡萝卜素、蛋白质，以及铁、钙、磷等矿物质。常吃菠菜有利于维持血糖稳定，还能滋阴润燥、通利肠胃、补血止血、泄火下气，很适宜高血压、便秘、贫血患者食用。

材料

菠菜	200 克	鸡精	3 克
猪肝	100 克	胡椒粉	2 克
胡萝卜片	25 克	水淀粉	10 克
生姜丝	5 克	料酒	10 毫升
盐	3 克	葱油	适量
白糖	3 克	高汤	适量

菠菜　　　猪肝　　　胡萝卜　　生姜

小贴士

菠菜的铁含量非常丰富，但是刚刚采收的菠菜含有少许草酸，这种物质会影响人体对铁的吸收。菠菜择洗干净后，最好把菠菜先焯一下水再烹饪。

制作指导

猪肝入沸水锅中汆烫片刻，再入锅煮熟，更有利于健康。

做法演示

1. 猪肝洗净切片。

2. 菠菜洗净，对半切开。

3. 猪肝加料酒、盐、鸡精、水淀粉拌匀，腌渍片刻。

4. 锅中倒入高汤，放入生姜丝，加入适量盐。

5. 再放入鸡精、白糖、料酒烧开。

6. 倒入猪肝拌匀煮沸。

7. 放入菠菜、胡萝卜片拌匀。

8. 煮 1 分钟至熟透，淋入少许葱油，撒入胡椒粉拌匀。

9. 将做好的菠菜猪肝汤盛入碗中即可。

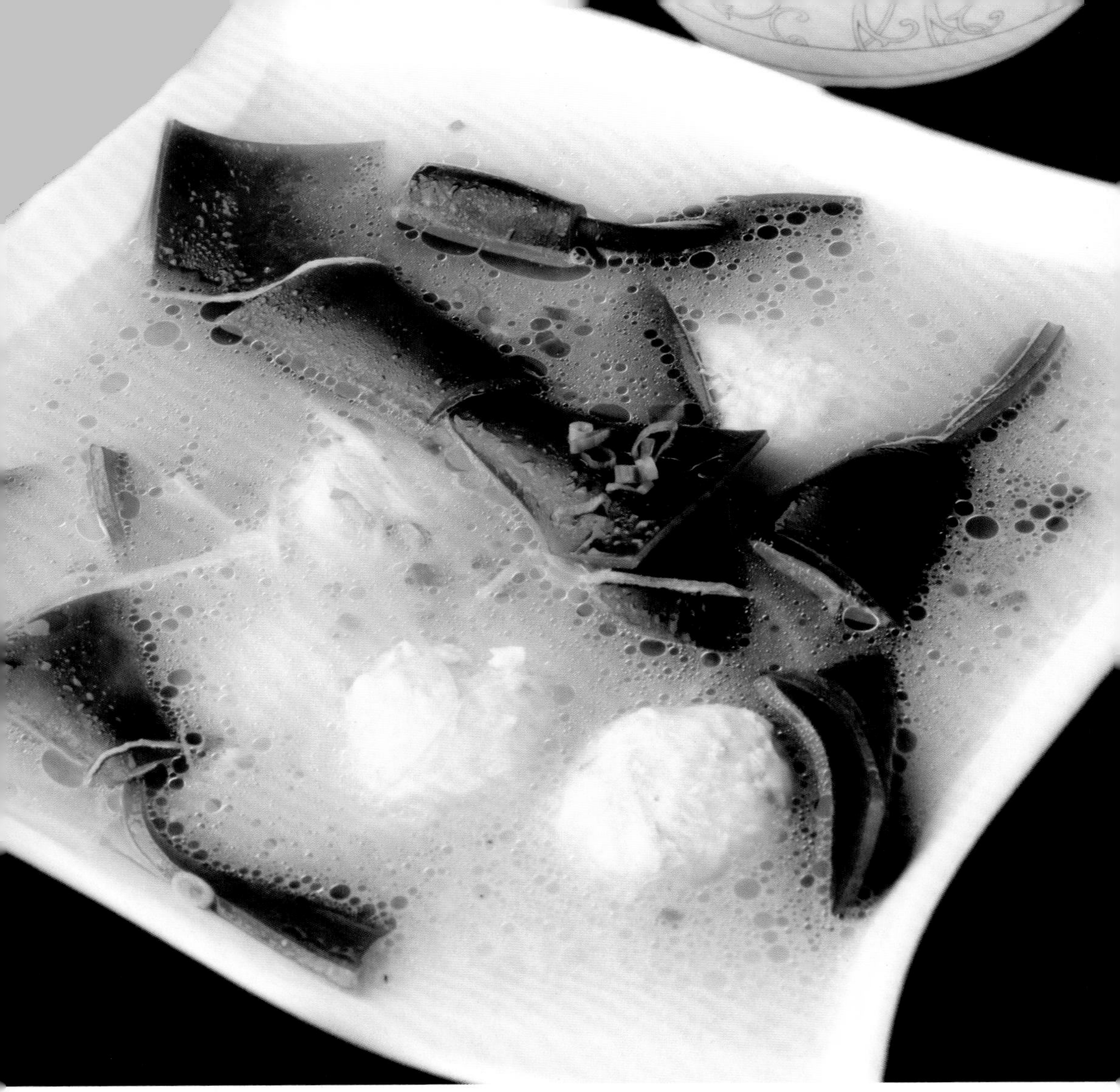

口味 鲜　人群 高血压患者　技法 煮

海带丸子汤

海带富含蛋白质、维生素 A、藻多糖、碘、钾、钙、钠、硒等多种营养成分，能化痰、软坚、清热、降血压、防治夜盲症、维持甲状腺正常功能，还有抑制癌症的作用，特别是对预防乳腺癌的发生有一定的作用。

材料

海带结	200 克	鸡精	2 克
肉丸	150 克	料酒	10 毫升
生姜丝	5 克	胡椒粉	2 克
葱花	5 克	高汤	少许
盐	3 克	食用油	适量
白糖	2 克		

海带结　　肉丸　　生姜　　葱

小贴士

　　食用海带前，一定要将其洗干净，海带经水浸泡以后，砷和砷的化合物溶解在水中，含砷量会减少。另外，浸泡时水多，也可以使这两种物质加速稀释溶解。

制作指导

　　清洗海带结时，可用手搓洗，以去除杂质和多余的盐分。

做法演示

1. 热锅注入食用油，倒入生姜丝爆香。

2. 倒入高汤。

3. 放入洗好的肉丸和海带结。

4. 加入盐、鸡精、白糖、料酒拌匀。

5. 加盖，大火烧开。

6. 揭盖，捞去浮沫。

7. 撒上少许葱花、胡椒粉。

8. 用锅勺拌匀。

9. 盛出装入碗中即可。

△ 口味 清淡　☺ 人群 高血压患者　✖ 技法 蒸

扳指干贝

　　干贝的营养价值非常高，含有丰富的蛋白质、氨基酸、核酸、钙、锌等多种营养成分，经常食用有助于降低血压、补益健身，还具有软化和保护血管的功效，可起到降低血脂和胆固醇含量的作用。

材料

水发干贝	80 克	鸡精	3 克
白萝卜	200 克	料酒	10 毫升
西蓝花	150 克	水淀粉	适量
生姜片	10 克	胡椒粉	2 克
葱条	7 克	食用油	适量
盐	3 克		

做法演示

1. 西蓝花洗净，切瓣备用。

2. 白萝卜去皮洗净，切成约2厘米的厚段。

3. 白萝卜段用圆形薄铁筒扎穿，使其呈"扳指"形。

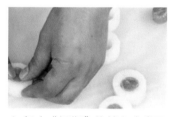

4. 每个"扳指"均填入水发干贝1粒。

5. 全部完成后，摆入盘内。

6. 放上葱条、生姜片，转入蒸锅，淋入少许料酒。

7. 加盖，蒸15分钟至熟。

8. 取出蒸熟的"扳指干贝"，拣去生姜片、葱条。

9. 锅中加水、盐、食用油煮沸，入西蓝花焯熟，捞出摆盘。

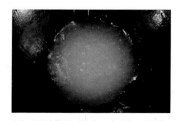

10. 原汁倒入锅中，加盐、鸡精、水淀粉、熟油、胡椒粉调汁。

11. 将汁浇于"扳指干贝"上。

12. 端出即可食用。

玉米煲鲫鱼

　　玉米含有丰富的不饱和脂肪酸，可降低血液中胆固醇的浓度，并防止其沉积于血管壁。因此，经常食用玉米对冠心病、动脉粥样硬化、高脂血症、高血压等都有一定的预防作用。此外，玉米所含的维生素 E 还可促进人体细胞分裂，延缓衰老。

材料

玉米	1 根
鲫鱼	500 克
生姜片	25 克
盐	3 克
鸡精	3 克
食用油	适量

小贴士

鲫鱼肉质细腻鲜美，适合红烧、干烧、清蒸、炖煮，其中以炖煮最为普遍，也最具营养价值和食疗价值。冬令时鲫鱼最为肥美，营养物质也积聚得最多。

制作指导

烹饪过程中倒入适量淡奶，煲出的汤不仅美味，营养也更加丰富。

做法演示

1. 将玉米洗净，斩成 3 厘米长的段。

2. 锅置火上，注入食用油烧热，放入生姜片。

3. 下入鲫鱼，煎至两面断生。

4. 注入适量清水拌匀，盖上盖，大火烧开。

5. 揭盖，倒入玉米拌匀，中火煮至沸腾。

6. 加盐、鸡精，拌煮至入味，捞去浮沫。

7. 将锅中的材料转至砂煲。

8. 砂煲置于火上，盖上盖，煮开后转小火煲 20 分钟。

9. 关火，取下砂煲即成。

 口味 清淡　 人群 糖尿病患者　 技法 蒸

百合蒸山药

　　山药含有淀粉、黏液蛋白、糖类、氨基酸和维生素 C 等营养成分，其所含的黏液蛋白有降低血糖的作用，可用于辅助治疗糖尿病，是糖尿病患者的食疗佳品。在气候干燥、易伤肺津的春季进补山药最为适宜。

📋 材料

山药	200 克	料酒	3 毫升
黑木耳	50 克	蚝油	3 毫升
鲜百合	30 克	鸡精	2 克
枸杞子	1 克	淀粉	2 克
葱花	4 克	香油	少许
盐	3 克	食用油	适量

山药　　黑木耳　　百合　　枸杞子

🖊 小贴士

　　山药可以放入开水中烫煮片刻再去皮，这样可以保证山药洁白的外观。做此菜时，要选用新鲜、没有腐烂变质的山药和百合。

❗ 制作指导

　　山药切好后，要放在淡盐水中浸泡，这样可以防止其氧化变黑。

✉ 做法演示

1. 将去皮洗净的山药切片。

2. 将泡发好、洗净的黑木耳切成小块。

3. 将黑木耳、山药和洗好的鲜百合、枸杞子放入碗中。

4. 加入蚝油、盐、鸡精、料酒、淀粉拌匀。

5. 再淋入少许香油拌匀。

6. 把拌好的材料倒入盘中，放入蒸锅。

7. 加上盖，以大火蒸 7 分钟至熟透。

8. 揭盖，取出蒸熟的菜肴。

9. 撒上葱花，再浇上少许熟油即成。

黄瓜炒肉片

　　黄瓜营养丰富，口感清爽，具有清热、利水的功效。黄瓜中所含的葡萄糖苷、果糖等不参与通常的糖代谢，故糖尿病患者以黄瓜代替淀粉类食物充饥，血糖非但不会升高，甚至会降低。它还含有丰富的维生素 E，可起到延年益寿、抗衰老的作用。

材料

黄瓜	200 克	盐	3 克
猪瘦肉	150 克	水淀粉	适量
蒜末	5 克	白糖	3 克
红椒	10 克	鸡精	3 克
葱白	5 克	料酒	3 毫升
葱叶	5 克	食用油	适量

做法

1. 猪瘦肉洗净切片；黄瓜洗净，去除瓜瓤，斜刀切片；红椒洗净去籽，切片。
2. 猪瘦肉片加盐、鸡精、水淀粉、食用油拌匀，腌渍片刻。
3. 热锅注油烧热，倒入猪瘦肉片，滑油片刻捞出。
4. 锅留底油，倒入葱白、蒜末煸香。
5. 倒入黄瓜片、红椒片炒香。
6. 倒入猪瘦肉片，加盐、鸡精、白糖拌炒均匀。
7. 淋入少许料酒，加少许水淀粉勾芡炒匀。
8. 撒入葱叶，盛出装盘即可。

PART 5

防癌抗癌篇

癌症是人类健康的克星，在我国，每年大约有130万人被癌症夺走宝贵的生命。调查数据显示，35%的患者得癌症和日常饮食有关，所以正确的饮食也是预防癌症的有效手段之一，而不少蔬菜和水果更是防癌抗癌的佼佼者。

口味 清淡　　人群 老年人　　技法 拌

凉拌金针菇

　　金针菇中的氨基酸含量非常丰富，还含有一种叫朴菇素的物质，可增强机体对癌细胞的抵抗力。常食金针菇能降低胆固醇含量，可以预防肝脏疾病和肠胃道溃疡、增强身体免疫能力、缓解疲劳，适合高血压患者、肥胖者和中老年人食用。

材料

金针菇	350 克	白糖	3 克
红椒	15 克	香油	适量
蒜末	5 克	辣椒油	少许
葱花	5 克	食用油	适量
盐	3 克		

金针菇　　　红椒　　　蒜　　　葱

做法演示

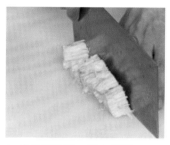

1. 金针菇洗净，切去老茎。

2. 红椒洗净去籽，切段，再改切成丝。

3. 锅中加约 1500 毫升清水烧开，加少许食用油。

4. 倒入洗净切好的金针菇，煮约 1 分钟至熟。

5. 将金针菇捞出沥干水分，装入碗中备用。

6. 放入备好的红椒丝、蒜末，加入辣椒油、盐。

7. 再加入白糖、香油拌匀。

8. 倒入葱花，用筷子搅拌均匀。

9. 将拌好的金针菇装盘即可。

口味 咸　　人群 一般人群　　技法 蒸

紫苏肉末蒸茄子

　　茄子的营养丰富，含有蛋白质、脂肪、碳水化合物、多种维生素以及钙、磷、铁等营养成分，具有保护心血管、清热及延缓衰老的作用。茄子中还含有龙葵碱，能抑制消化系统肿瘤的增生，对防治胃癌有一定的辅助食疗效果。

材料

紫苏叶	35 克	老抽	3 毫升
猪肉	200 克	鸡精	2 克
茄子	350 克	淀粉	2 克
蒜末	15 克	料酒	5 毫升
葱花	15 克	水淀粉	适量
盐	3 克	香油	少许
生抽	6 毫升	食用油	适量

小贴士

紫苏叶具有发汗解表、行气宽中、解表散寒、行气和胃的功效，老年人及儿童可以多食。

制作指导

茄子用少许淀粉拌匀，成菜的味道会更鲜嫩。

做法演示

1. 洗净的猪肉剁成末，放入盘中备用。

2. 洗净的紫苏叶剁成末。

3. 将去皮洗净的茄子切段，再切条。

4. 锅注入食用油烧热，爆香蒜末，倒入猪肉末炒匀。

5. 淋入料酒、生抽炒匀，加鸡精、盐调味，炒至入味。

6. 盛入盘中，加紫苏叶、淀粉、香油拌匀。

7. 茄条摆入盘中，撒上少许盐。

8. 把紫苏肉末盛放在茄子条上。

9. 将盘子放入蒸锅。

10. 加盖，用中火蒸约 10 分钟至熟。

11. 取出后撒上葱花。

12. 将生抽、老抽、盐、水淀粉拌匀，淋入盘内即成。

口味 辣　　人群 一般人群　　技法 蒸

蒜蓉蒸西葫芦

　　西葫芦含有丰富的水分、维生素C、葡萄糖以及钙、铁、磷等矿物质，具有清热利尿、除烦止渴、润肺止咳、消肿散结、润泽肌肤的功效，还可以调节人体代谢，从而起到减肥瘦身、防癌抗癌的功效。

材料

西葫芦	350 克
蒜蓉	30 克
剁椒	30 克
鸡精	3 克
淀粉	2 克
食用油	适量

小贴士

西葫芦适合水肿腹胀、烦渴、疮毒以及肾炎、肝硬化腹水等患者食用。儿童、老年人、想减肥的女性以及面色暗黄、气血不足者，也可以多食西葫芦。

制作指导

西葫芦入锅蒸制的时间不可太长，以免影响其鲜嫩的口感。

做法演示

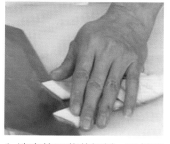

1. 洗净的西葫芦切瓣，再斜刀切片，盛入盘中。

2. 将剁椒盛入碗中。

3. 加入准备好的蒜蓉。

4. 再加少许鸡精、淀粉、食用油。

5. 用勺子拌匀。

6. 将拌好的剁椒、蒜蓉铺在西葫芦片上。

7. 把西葫芦放入蒸锅。

8. 加盖，蒸 5 分钟至熟透。

9. 将蒸好的西葫芦取出，淋入适量热油即可。

凉拌苤蓝

　　苤蓝的维生素 C 含量很高，能促进胃及十二指肠溃疡的愈合；其所含的微量元素钼，能抑制亚硝酸胺的合成，具有一定的防癌作用；苤蓝还含有大量水分和膳食纤维，有宽肠通便的作用，可增强胃肠消化功能，促进胃肠蠕动，预防便秘。

苤蓝	400克	鸡精	3克
青椒丝	30克	白糖	2克
红椒丝	30克	辣椒油	5毫升
芹菜末	20克	香油	少许
蒜末	8克	食用油	适量
盐	3克		

苤蓝　　　青椒　　　红椒　　　芹菜

　　苤蓝要选用新鲜、外观紧实、没有裂痕的，而不宜选择过老的，以免影响成菜口感。苤蓝丝不要切得太粗，以免不够入味；也不要太细，以免影响其脆嫩口感。

❗ 制作指导

　　焯煮苤蓝的时间不要太长，否则会影响其爽脆度。

📋 做法演示

1. 将洗净的苤蓝去皮，切片，再切成丝。

2. 锅中加水烧开，加盐、食用油拌匀，倒入苤蓝丝搅匀。

3. 煮约1分钟至熟后，捞出沥干水分。

4. 将煮好的苤蓝丝装入碗中。

5. 加入蒜末、芹菜末、青椒丝、红椒丝、盐、鸡精、白糖。

6. 再淋入辣椒油，用筷子充分拌匀。

7. 淋入少许香油。

8. 再拌一会儿，使其入味。

9. 将拌好的苤蓝装入盘中即可。

🏺 口味 鲜　　😊 人群 老年人　　✖ 技法 炒

莴笋炒香菇

　　香菇含有丰富的碳水化合物、钙、磷、铁、烟酸等营养成分，并含有香菇多糖、天门冬素等多种活性物质，具有化痰理气、益胃和中、清热解毒之功效。此外，香菇对动脉硬化、肝硬化等病症有预防作用。

材料

莴笋	300 克	水淀粉	适量
胡萝卜	120 克	蒜末	5 克
香菇	120 克	盐	3 克
葱白	5 克	鸡精	3 克
葱叶	5 克	食用油	适量

小贴士

长得特别大的香菇不要吃，因为它们多是用激素催生的，大量食用可对身体造成不良影响。

制作指导

莴笋的皮要去除得干净些，以免影响成菜的口感。

做法演示

1. 把洗净的香菇切成斜片。

2. 去皮洗净的莴笋切成菱形状薄片。

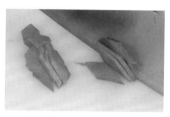

3. 洗净的胡萝卜切片。

4. 锅中注水烧热，加盐拌匀，放入胡萝卜焯至断生。

5. 再倒入香菇焯片刻，将材料捞出沥水，装盘备用。

6. 锅中注入食用油烧热，放入蒜末、葱白爆香。

7. 倒入莴笋、胡萝卜、香菇。

8. 用中火翻炒至熟。

9. 加盐、鸡精炒至入味。

10. 再用水淀粉勾芡。

11. 倒入葱叶炒至断生。

12. 出锅装入盘中即成。

拔丝红薯

　　红薯含有大量黏液蛋白、糖类、维生素 A 和维生素 C 等营养成分，具有补虚乏、益气力、健脾胃、强肾阴等功效。常吃红薯，有助于维持人体的正常叶酸水平，具有促进胃肠蠕动、预防便秘、防治结肠癌和直肠癌的功效。

红薯　　　300 克
白芝麻　　6 克
白糖　　　100 克
食用油　　适量

📝 小贴士

脾虚水肿、疮疡肿毒、肠燥便秘、气血不足、身体虚乏者可以多食红薯。湿阻脾胃、气滞食积、十二指肠溃疡、胃酸过多者应慎食红薯。

⚠ 制作指导

红薯块要沥干水分后再下锅，以免溅油；要炒至白糖起泡后再倒入红薯块。

做法演示

1. 将去皮洗净的红薯切成块。

2. 锅中注入食用油烧至五成热，倒入红薯，小火炸 2 分钟。

3. 将炸好的红薯捞出。

4. 锅留底油，加入白糖炒片刻。

5. 加入约 100 毫升清水。

6. 改小火，不断搅拌至白糖溶化熬成暗红色糖浆。

7. 倒入炸好的红薯，快速拌炒均匀。

8. 再撒入白芝麻，快速炒匀。

9. 起锅，将炒好的红薯盛入盘中即可。

香菇炒豆角

　　香菇菌盖部分含有双链结构的核糖核酸，进入人体后，会产生具有抗癌作用的干扰素，因此具有防癌抗癌的功效。豆角含有丰富的 B 族维生素、维生素 C 和植物蛋白等营养成分，具有使人头脑冷静、调理消化系统、消除胸膈胀满的功效。

材料

豆角	350 克	蒜蓉	15 克
香菇	200 克	盐	3 克
红椒	20 克	鸡精	2 克
生姜片	5 克	水淀粉	适量
葱段	5 克	食用油	适量

小贴士

选购香菇时，以新鲜、个头均匀的为佳；选购豆角时，以鲜嫩、颜色翠绿的为佳。

制作指导

豆角放入油锅炸熟后再烹饪，既可缩短成菜时间，又能增添菜的风味。

做法演示

1. 将豆角择洗干净，切成 4 厘米长的小段。

2. 去蒂洗净的香菇切成片。

3. 洗净的红椒去籽，切成丝。

4. 锅中注入食用油烧热，放入生姜片、葱段、蒜蓉爆香。

5. 倒入香菇，注入少许清水，拌炒均匀。

6. 再倒入豆角炒匀。

7. 加少许清水，翻炒至八成熟。

8. 用盐、鸡精调味。

9. 放入红椒丝。

10. 用水淀粉勾芡。

11. 翻炒至熟透。

12. 盛入盘中即成。

荸荠炒火腿

　　荸荠中不仅富含维生素 A、维生素 B_1、维生素 B_2、维生素 C、淀粉、蛋白质、钙、磷、铁、粗脂肪等营养成分，还含有防癌抗癌、降低血压的有效成分——荸荠英。荸荠还具有开胃、解毒、健肠益胃及消宿食的功效。

材料

荸荠	300 克	盐	5 克
火腿	80 克	鸡精	2 克
红椒片	20 克	白糖	2 克
生姜片	5 克	水淀粉	适量
蒜末	5 克	食用油	适量
葱白	5 克		

荸荠　　　火腿　　　蒜　　　葱

做法演示

1. 荸荠去皮洗净切丁。

2. 火腿先切条后，再切丁。

3. 锅中倒水，加盐、食用油烧开，放入荸荠煮沸后捞出。

4. 锅中注油烧至三成热，倒入火腿丁，滑油片刻后捞出。

5. 锅留底油，倒入生姜片、蒜末、红椒片、葱白。

6. 倒入荸荠、火腿丁翻炒。

7. 再加盐、鸡精、白糖炒入味。

8. 用水淀粉勾芡，淋熟油拌匀。

9. 盛出即可。

玉米炒豌豆

豌豆中的蛋白质不仅含量丰富，而且包括了人体必需的 8 种氨基酸。豌豆还含有丰富的维生素 C，有美容美肤、增强机体免疫力的作用。此外，豌豆还含有能分解亚硝胺的酶，因此具有一定的防癌、抗癌作用。

材料

豌豆	250 克	盐	3 克
鲜玉米粒	150 克	鸡精	3 克
红椒片	15 克	白糖	3 克
生姜片	10 克	水淀粉	适量
葱白	10 克	食用油	适量

豌豆　　鲜玉米粒　　红椒　　生姜

小贴士

做此菜时，要选用颗粒饱满、色泽金黄、表面光亮的玉米，以及新鲜、脆嫩的豌豆。加入少许香油，此菜的味道会更好。

制作指导

玉米烹煮的时间越长，其抗衰老的作用越显著，所以，在煮玉米时，可以适当多煮一段时间。

做法演示

1. 锅中注水，加少许食用油、盐烧开。

2. 放入洗净的鲜玉米粒，焯至断生后捞出。

3. 再放入洗净的豌豆，焯片刻后捞出。

4. 油锅烧热，倒入红椒片、生姜片和葱白煸香。

5. 再倒入焯水后的鲜玉米粒和豌豆。

6. 将鲜玉米粒和豌豆翻炒均匀。

7. 加盐、鸡精、白糖调味。

8. 再加少许水淀粉勾芡，翻炒均匀。

9. 出锅装盘即成。

杏鲍菇炒肉丝

　　杏鲍菇口感鲜嫩、味道清香、营养丰富，含有丰富的蛋白质和人体必需的 8 种氨基酸成分，经常食用可以有效提高人体免疫力。杏鲍菇还具有降低血脂、防癌抗癌、降低胆固醇含量、促进胃肠消化、防治肠道疾病等功效。

材料

杏鲍菇	150 克	生抽	6 毫升
猪瘦肉	100 克	白糖	2 克
青椒丝	20 克	鸡精	3 克
红椒丝	20 克	水淀粉	适量
生姜丝	5 克	料酒	5 毫升
蒜末	5 克	食用油	适量
盐	3 克		

小贴士

优质杏鲍菇的菌盖为圆碟状，表面有丝状光泽、光滑、干燥，直径以 3 厘米左右为佳。

制作指导

猪瘦肉丝先用料酒等腌渍片刻，再用适当温度的油滑油，能使其口感更加嫩滑。

做法演示

1. 将猪瘦肉洗净，切片后再切成丝。

2. 洗净的杏鲍菇切丝。

3. 猪瘦肉丝加盐、鸡精、水淀粉、食用油拌匀，腌渍 10 分钟。

4. 锅中加水烧开，加盐、料酒、杏鲍菇丝，焯熟后捞出。

5. 猪瘦肉丝放入开水中，余至断生后捞出。

6. 另起锅注油烧至四成热，放入猪瘦肉丝滑油片刻后捞出。

7. 锅中留油，倒入青椒丝、红椒丝、生姜丝、蒜末。

8. 加入杏鲍菇丝，再淋入料酒炒香。

9. 再放入猪瘦肉丝炒匀。

10. 加生抽、盐、白糖、鸡精。

11. 加水淀粉勾芡，淋入熟油。

12. 炒匀，盛入盘中即可。

🔺 口味 清淡　　😊 人群 一般人群　　✂ 技法 炒

滑子菇炒西蓝花

　　西蓝花含有丰富的蛋白质、维生素 C、胡萝卜素、钙、磷、铁、钾、锌、锰等营养素，营养成分位居同类蔬菜之首，有"蔬菜皇冠"的美称，具有防癌抗癌的功效，尤其是在防治胃癌、乳腺癌方面效果尤佳。

西蓝花	200 克	鸡精	3 克
滑子菇	100 克	水淀粉	10 克
黑木耳	30 克	食用油	适量
红椒片	20 克		
盐	3 克		

小贴士

西蓝花焯水后，应入凉开水过凉，捞出沥干再用，烧煮和加盐时间也不宜过长，才不致丧失和破坏防癌抗癌的营养成分。

制作指导

在沸水锅中加入少许小苏打拌匀，再放入食材焯煮，可以缩短焯水的时间。

做法演示

1. 洗净的滑子菇切成段。

2. 将黑木耳用温水泡发，洗净后切成小朵。

3. 锅中注水，加入盐、食用油，拌煮至沸。

4. 倒入洗净切好的西蓝花、滑子菇、黑木耳。

5. 焯煮至熟，捞出沥干水。

6. 装入盘中备用。

7. 锅中注油烧热，倒入西蓝花、滑子菇、黑木耳翻炒均匀。

8. 倒入红椒片，拌炒至熟。

9. 加入盐、鸡精，炒至入味。

10. 加入少许水淀粉。

11. 翻炒均匀。

12. 起锅，盛入盘中即成。

家常土豆片

　　土豆有和胃、调中、健脾、益气的作用，对胃溃疡、习惯性便秘、热咳及皮肤湿疹有一定的辅助治疗功效。土豆所含的纤维素细嫩，对胃肠黏膜无刺激作用，有解痛或减少胃酸分泌的作用，常食可以预防胃癌。

土豆	300 克	葱白	4 克	
干辣椒	2 克	食用油	适量	
青椒片	10 克	盐	3 克	
红椒片	10 克	鸡精	3 克	
芹菜段	10 克	水淀粉	适量	
生姜片	5 克	豆瓣酱	适量	
蒜末	5 克			

土豆

青椒

红椒

生姜

📝 **小贴士**

　　土豆切好后，放入清水中浸泡片刻，炒制出来的成菜口感更爽脆。炒制土豆时加入少许香油或辣椒油，味道会更好。

❗ **制作指导**

　　土豆丝入锅炒制时，可加少许醋，这样可以减少炒制过程中土豆的营养流失，还能使土豆的口感更佳。

📺 **做法演示**

1. 将去皮洗净的土豆切成片。

2. 锅中注水烧开，倒入土豆片，焯煮片刻后捞出。

3. 油锅烧热，爆香生姜、蒜、葱、青椒、红椒、干辣椒。

4. 再倒入土豆片，炒约1分钟至熟。

5. 加入鸡精、盐、豆瓣酱，炒匀至入味。

6. 倒入芹菜段炒匀。

7. 再加入少许水淀粉，快速拌炒均匀。

8. 将炒好的土豆片盛入盘内。

9. 装好盘即可食用。

口味 辣　　人群 女性　　技法 炒

豉椒炒牛肚

　　青椒富含多种维生素、碳水化合物等营养素，其特有的味道和所含的辣椒素有刺激唾液和胃液分泌的作用，能增进食欲、促进消化。辣椒素还是一种抗氧化物质，它可以阻止有关细胞的新陈代谢，从而终止细胞组织的癌变过程，降低癌症的发生概率。

材料

熟牛肚	200 克	葱白	5 克
青椒	150 克	盐	3 克
红椒	30 克	老抽	4 毫升
豆豉	20 克	辣椒酱	适量
蒜苗段	30 克	水淀粉	适量
蒜末	5 克	料酒	10 毫升
生姜片	5 克	食用油	适量

小贴士

牛肚切片时，不要切得太厚，否则不易熟烂。此菜在烹调时可加入少许辣椒油，味道会更好。

制作指导

切辣椒时，先将刀在冷水中蘸一下再切，就不会刺激眼睛。

做法演示

1. 将已洗净的青椒去蒂和籽，切片。

2. 洗净的红椒去蒂和籽，切片。

3. 再把熟牛肚洗净切成片。

4. 油锅烧热，倒入蒜末、生姜片、葱白爆香。

5. 再倒入豆豉爆香。

6. 倒入熟牛肚炒匀。

7. 加料酒翻炒片刻。

8. 倒入青椒片、红椒片炒至熟。

9. 加盐、辣椒酱、老抽拌匀。

10. 加入水淀粉勾芡，淋入少许熟油拌匀。

11. 倒入蒜苗段翻炒片刻。

12. 出锅装盘即可。

白萝卜炖羊腩

白萝卜含有较多的纤维素，而热量却很低，食用后易产生饱胀感，因而有助于减肥。此外，白萝卜还含有大量的维生素 A 和维生素 C，二者是保持细胞间质的必需物质。白萝卜还具有抑制癌细胞生长的作用。

材料

白萝卜	300 克
羊腩块	200 克
香菜	5 克
生姜片	5 克
盐	3 克
胡椒粉	2 克
料酒	少许

小贴士

烹饪此菜时要注意，白萝卜和羊腩的适合比例是 1：3，不但口感最好，并且营养价值也高。出锅时撒上少许香菜味道会更好，放少许白糖则可以提鲜。

制作指导

砂煲的盖要盖严实，这样不仅能减少烹饪时间，还可增加菜的香味。

做法演示

1. 把洗净的白萝卜切薄片。

2. 锅中注水烧热，放入羊腩块。

3. 汆煮片刻，捞出沥干后备用。

4. 另起锅，注水烧开，放入生姜片。

5. 倒入白萝卜。

6. 再倒入羊腩块，淋入少许料酒拌匀。

7. 盖上锅盖，烧开。

8. 将锅中的材料移至砂煲。

9. 砂煲置火上，盖上盖，用小火煲 2 个小时。

10. 揭开盖，加入盐拌至入味。

11. 关火，取下砂煲。

12. 放入洗净的香菜，撒上胡椒粉即成。

口蘑炒鸡块

　　鸡肉肉质细嫩、味道鲜美，含有丰富的蛋白质，而且消化率高，很容易被人体吸收利用。鸡肉含有对人体生长发育有重要作用的磷脂类、矿物质及多种维生素，有增强体力、强壮身体、提高抗癌能力的作用，对营养不良、畏寒怕冷等症有食疗作用。

材料

口蘑	200 克	老抽	3 毫升
鸡肉	400 克	蚝油	3 毫升
胡萝卜	20 克	鸡精	2 克
生姜片	15 克	白糖	2 克
葱段	10 克	水淀粉	适量
盐	3 克	食用油	适量
料酒	3 毫升		

小贴士

最好吃鲜口蘑，市场上的袋装口蘑有些曾在液体中浸泡过，食用前一定要多漂洗几遍，以去掉某些化学物质。

制作指导

炒制新鲜鸡肉时，最好先滑油然后再炒，这样炒出来的鸡肉肉质更嫩。

做法演示

1. 将洗净的口蘑切片；胡萝卜洗净，去皮，切片。

2. 洗净的鸡肉斩块，装入盘中。

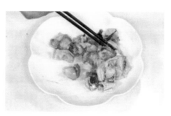

3. 加料酒、老抽、盐、水淀粉拌匀，腌渍 15 分钟。

4. 锅入适量食用油烧热，倒入鸡肉块爆香。

5. 放入葱段、生姜片、料酒炒匀。

6. 再放入口蘑，炒 2 分钟至熟。

7. 加盐、鸡精、白糖、蚝油调味。

8. 用水淀粉勾芡。

9. 倒入胡萝卜片炒匀。

10. 撒入葱段。

11. 翻炒匀至入味。

12. 出锅装盘即可。

青豆焖鸽子

　　青豆中的蛋白质不仅含量丰富，而且包括了人体必需的 8 种氨基酸。青豆还含有丰富的维生素 C，具有美容养颜、增强机体免疫力的作用。此外，青豆中含有的 α - 胡萝卜素能降低人体患心脏病及癌症的风险。鸽子肉具有补益气血、增强体质的功效。

材料

鸽子肉	350 克	生抽	6 毫升
青豆	120 克	料酒	5 毫升
生姜片	10 克	淀粉	10 克
葱段	10 克	白糖	3 克
蒜末	10 克	水淀粉	少许
红椒片	10 克	食用油	适量
盐	3 克		

鸽子　　青豆　　生姜　　葱

小贴士

青豆捞出后迅速过凉水，有利于保证其外观翠绿。做此菜时，可加入少许辣椒油，味道会更好。

制作指导

烹饪此菜时要注意，青豆入锅焯水时，宜加入少许盐，这样做可以使青豆保持嫩绿透亮的色泽。

做法演示

1. 鸽子肉洗净斩块，加料酒、生抽、盐、淀粉拌匀。

2. 锅中加适量清水，放少许食用油、盐煮沸。

3. 倒入洗净的青豆，焯煮约 2 分钟后捞出。

4. 锅中注入食用油烧至五成热，倒入鸽子肉滑油约 2 分钟后捞出。

5. 锅留底油，倒入葱段、生姜片、蒜末、红椒片、鸽子肉、水，翻炒 1 分钟。

6. 淋入少许料酒略煮，再倒入青豆。

7. 加盐、白糖、生抽、水淀粉。

8. 翻炒均匀。

9. 装盘即可。

△ 口味 鲜　　◎ 人群 女性　　🍲 功效 煮

上汤豌豆苗

豌豆苗含有钙质、B 族维生素、维生素 C 和胡萝卜素等营养成分，有利尿、止泻、消肿、止痛和助消化等作用。其所含的胡萝卜素，食用后可防止人体内致癌物质的合成，从而降低患癌症的概率。

🥬 材料

豌豆苗	100 克	蒜	5 克
咸蛋	1 个	食用油	适量
皮蛋	1 个	香油	5 毫升
胡萝卜片	20 克	白糖	3 克
盐	3 克	上汤	少许
鸡精	3 克	食用油	适量

📋 做法

1. 咸蛋煮熟去壳，切瓣。
2. 皮蛋煮熟去壳，切瓣。
3. 锅中倒入适量清水，加盐、食用油烧开。
4. 倒入豌豆苗拌匀，焯熟后捞出。
5. 油锅烧热，放入蒜煸炒香。
6. 倒入上汤拌匀。
7. 加入皮蛋、咸蛋和胡萝卜片，大火煮沸，加鸡精、盐、白糖。
8. 淋入香油，将汤料盛入碗内即成。